MATLAB 从入门到精通

智数科技　编著

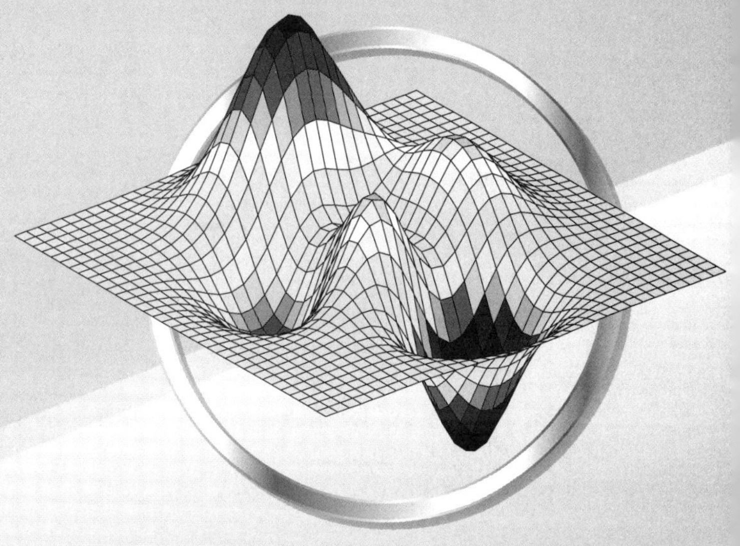

化学工业出版社
·北京·

内 容 简 介

《MATLAB 从入门到精通》是一本面向零基础初学者的图书，本书全面介绍了 MATLAB 的相关知识与使用技巧，内容包括 MATLAB 操作入门、基础知识、可视化、二维与三维绘图、编程、用户界面、矩阵等，让读者在系统性学习的同时，能够从 0 到 1 全方位掌握 MATLAB 的核心技术和操作规范。本书附有大量的实例，读者在阅读学习过程中可以上手实操，实例均搭配源文件，可以免费下载使用；同时，本书也配有教学视频，可以边学边看，有效提升学习效率。

本书适合对 MATLAB 零基础的读者参考，对高等院校工科专业学生有较大的帮助；同时，对 MATLAB 感兴趣的读者也可以阅读学习。

图书在版编目（CIP）数据

MATLAB 从入门到精通 / 智数科技编著. —北京：化学工业出版社，2024.6

ISBN 978-7-122-45332-7

Ⅰ. ①M… Ⅱ. ①智… Ⅲ. ①Matlab 软件 Ⅳ. ①TP317

中国国家版本馆 CIP 数据核字（2024）第 064625 号

责任编辑：雷桐辉 耍利娜

责任校对：边 涛　　装帧设计：张 辉

出版发行：化学工业出版社（北京市东城区青年湖南街 13 号 邮政编码 100011）

印　　装：高教社（天津）印务有限公司

787mm×1092mm 1/16 印张 14 字数 354 千字 2024 年 6 月北京第 1 版第 1 次印刷

购书咨询：010-64518888　　售后服务：010-64518899

网　　址：http://www.cip.com.cn

凡购买本书，如有缺损质量问题，本社销售中心负责调换。

定　　价：99.00 元

前言

MATLAB 是美国 MathWorks 公司出品的一款优秀的数学计算软件，其强大的数值计算能力和数据可视化能力令人震撼。MATLAB 已经成为多种学科必不可少的计算工具，成为自动控制、应用数学、信息与计算科学等专业大学生与研究生必须掌握的基本技能，越来越多的学生借助 MATLAB 来学习数学分析、图像处理、仿真分析。

MATLAB 本身是一个极为丰富的资源库，因此，对大多数用户来说，一定有部分 MATLAB 功能看起来是“透明”的，也就是说用户能明白其全部细节；另有些功能表现为“灰色”，即用户虽明白其原理，但是对于具体的执行细节不能完全掌握；还有些内容则是“全黑”，也就是用户对它们一无所知。

为了帮助零基础读者快速掌握 MATLAB 的使用方法，本书从基础着手，对 MATLAB 的基本函数功能进行了详细的介绍，同时根据不同学科读者的需求，结合数学计算、图形绘制、仿真分析、最优化设计和外部接口编程等不同的领域展开案例分析，让读者能够学以致用。

本书主要特色如下：

① 内容全面，知识体系完善。本书循序渐进地介绍了 MATLAB 的常用操作及功能，满足日常工作学习需要。

② 工程案例丰富实用。精选大量各行业领域中的经典案例展开分析与讲解，满足不同行业读者的需求。

③ 微视频学习更便捷。本书配有大量讲解视频，扫书中二维码边学边看，大大提高学习效率。

④ 附赠超值学习资源。除配套视频外，本书还同步赠送全部实例的源文件素材，方便读者实践拓展。

⑤ 优质的在线学习服务。作者团队成员都是行业内认证的专家，免费为读者提供答疑解惑服务。

本书由智数科技编著。智数科技是一个集 CAD/CAM/CAE/EDA 技术研讨、工程开发、培训咨询和图书创作于一体的工程技术人员协作联盟，包含 20 多位专职和众多兼职 CAD/CAM/CAE/EDA 工程技术专家，成员精通各种 CAD/CAM/CAE/EDA 软件，在相关专业方向图书创作领域具有丰富的理论和实践经验。

由于 MATLAB 功能十分强大，加之笔者水平有限，且时间仓促，书中疏漏之处在所难免，恳请广大专家、读者批评指正。

扫码下载本书配套资源

编著者

MATLAB 目录

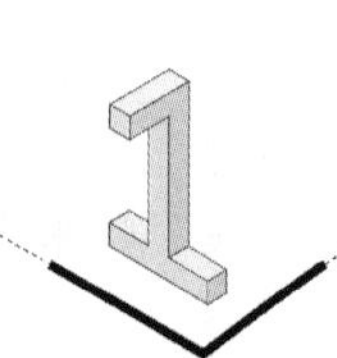

第1章 MATLAB 入门

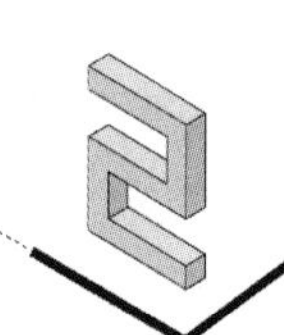

第2章 MATLAB 基础知识

第 3 章
数据可视化与二维绘图

第 4 章
三维绘图

第 5 章
MATLAB 编程基础

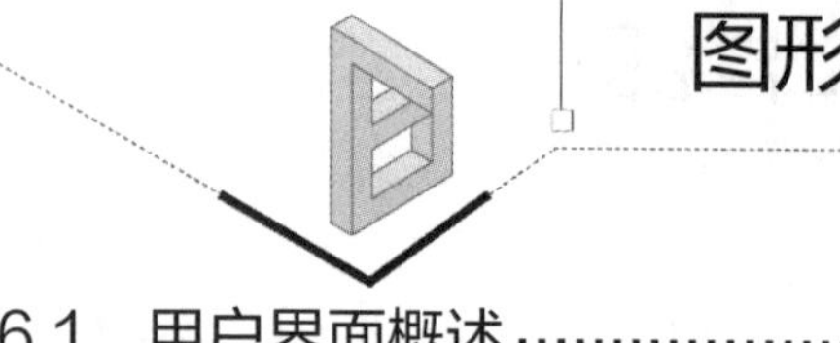

第 6 章 图形用户界面

第 7 章 矩阵分析

第 8 章 矩阵的应用

第1章

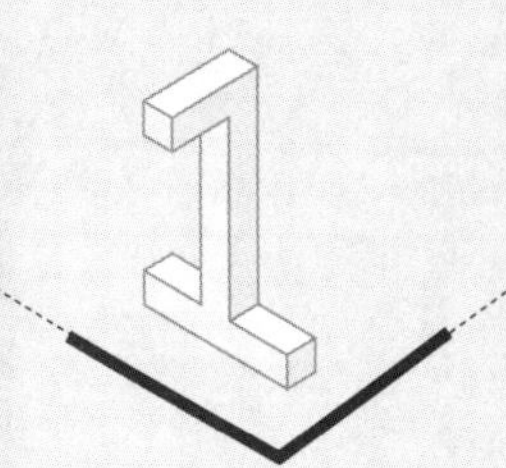

MATLAB入门

MATLAB 是一种功能非常强大的科学计算软件。在正式使用 MATLAB 之前，应该对它有一个整体的认识。本章主要介绍了 MATLAB 的发展历程、MATLAB 最新版本的主要特点及其使用方法。

1.1 MATLAB的工作环境

本节通过介绍 MATLAB 的工作环境界面，使读者初步认识 MATLAB 的主要窗口，并掌握其操作方法。

1.1.1 启动MATLAB

启动 MATLAB 有多种方式。最常用的启动方式就是用鼠标左键双击桌面上的 MATLAB 图标；也可以在“开始”菜单中单击 MATLAB 的快捷方式；还可以在 MATLAB 的安装路径中的 bin 文件夹中双击可执行文件 matlab.exe。

要退出 MATLAB 程序，可以选择以下几种方式。

① 用鼠标单击窗口右上角的关闭图标。

② 在标题栏点击鼠标右键，在弹出的快捷菜单中选择“关闭”命令。

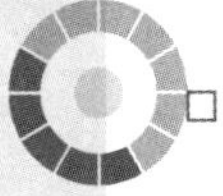

③ 使用快捷键 Alt+F4。

第一次使用 MATLAB，将进入其默认设置的工作界面，如图 1-1 所示。

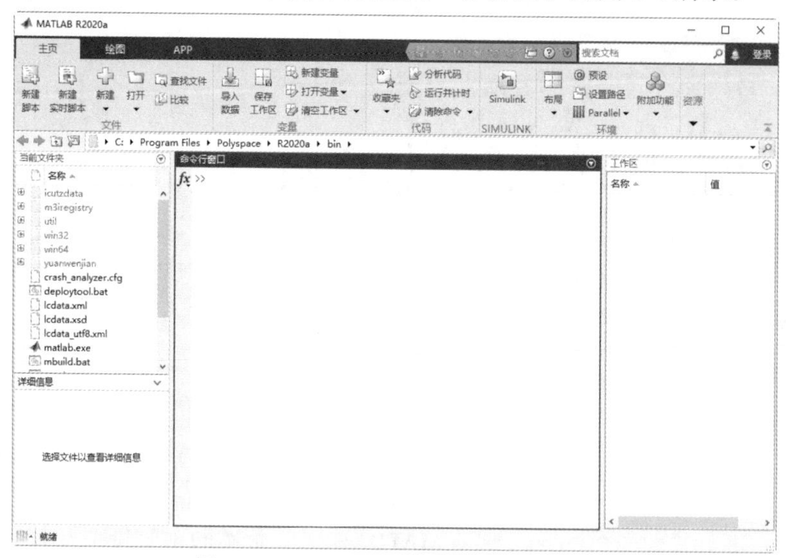

图 1-1　MATLAB 默认设置的工作界面

MATLAB 的工作界面形式简洁，主要由功能区、工具栏、当前文件夹窗口（Current Folder）、命令行窗口（Command Window）、工作区窗口（Workspace）和命令历史记录窗口（Command History）等组成。

功能区右上方是快速访问工具栏，以图标方式汇集了常用的操作命令，如图 1-2 所示。

图 1-2　快速访问工具栏

下面简要介绍工具栏中部分常用按钮的功能。

：保存 M 文件。

、、：剪切、复制、粘贴已选中的对象。

图 1-3　快速访问工具栏选项菜单

、：撤销或恢复上一次操作。

：切换窗口。

：打开 MATLAB 帮助系统。

：快速访问工具栏的选项按钮。单击该按钮，打开如图 1-3 所示的下拉菜单，可以自定义工具栏中显示的命令按钮，以及工具栏的显示位置。

功能区下方是当前文件夹工具栏，其中的按钮功能简要介绍如下。

：向前、向后、向上一级、浏览路径文件夹。

C: ▸ Program Files ▸ Polyspace ▸ R2020a ▸ bin ▸ ：当前路径设置栏。

MATLAB 主窗口的左下角有一个与计算机操作系统类似的按钮，单击该按钮，选择下拉列表中的 Parallel preferences 命令，可以打开各种 MATLAB 工具、进行工具演示、查看工具的说明文档，如图 1-4 所示。在这里寻求帮助，要比帮助窗口中更方便、更简洁明了。

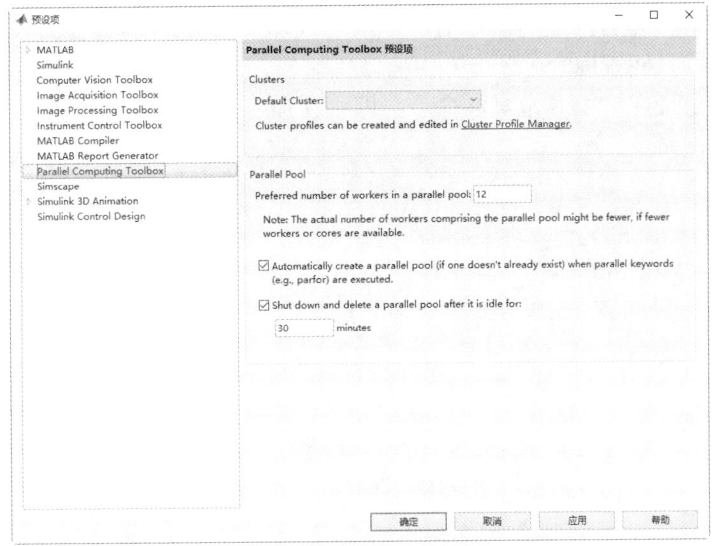

图 1-4 “预设项”对话框

1.1.2 命令行窗口

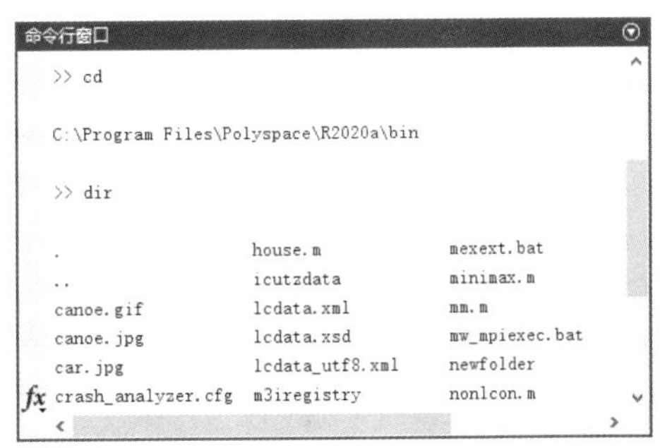

图 1-5 命令行窗口

命令行窗口如图 1-5 所示，在该窗口中可以进行各种计算操作，也可以使用命令打开各种 MATLAB 工具,还可以查看各种命令的帮助说明等。

其中，“>>”为运算提示符，表示 MATLAB 处于准备就绪状态。如在提示符后输入一条命令或一段程序后按 Enter 键，MATLAB 将给出相应的结果，并将结果保存在工作空间管理窗口中，然后再次显示一个运算提示符。

注意 ATTENTION

在中文输入状态下，在 MATLAB 命令行窗口中输入的汉字、括号和标点等不被认为是命令的一部分，所以，输入命令一定要在英文状态下进行。

在命令行窗口的右上角，单击“显示命令行窗口操作”按钮，利用出现的下拉菜单可以最大化、还原或取消停靠窗口。单击“最小化”命令，可将命令行窗口最小化到主窗口右侧，以页签形式存在，将鼠标指针移到上面时，显示窗口内容，此时单击下拉菜单中的“还原”命令，即可恢复显示。

1.1.3 命令历史记录窗口

命令历史记录窗口主要用于记录所有执行过的命令，如图 1-6 所示。在默认条件下，它会保存自安装以来所有运行过的命令的历史记录，并记录运行时间，以方便查询。

在命令历史记录窗口中双击某一命令，即可在命令行窗口中执行该命令。

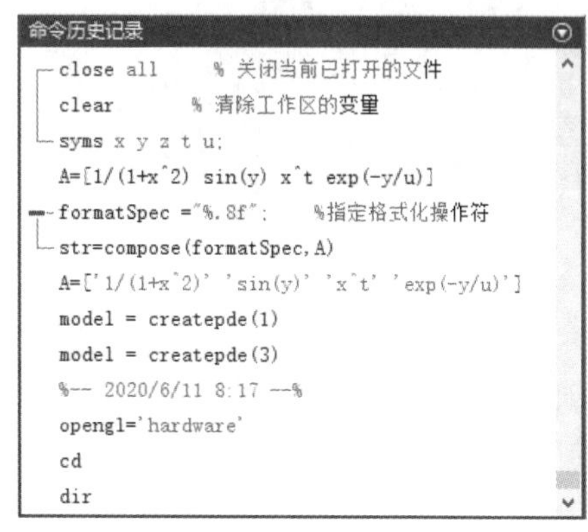

图 1-6　命令历史记录窗口

1.1.4　当前文件夹窗口

当前文件夹窗口如图 1-7 所示，可显示或改变当前目录，查看当前目录下的文件。

单击右上角的“显示当前文件夹操作”按钮，在弹出的下拉菜单中可以执行常用的操作。例如，在当前目录下新建文件或文件夹（还可以指定新建文件的类型）、生成文件分析报告、查找文件、显示/隐藏文件信息、将当前目录按某种指定方式排序和分组等。图 1-8 所示是对当前目录中的代码进行分析，提出一些程序优化建议并生成报告。

图 1-7　当前文件夹窗口

图 1-8　M 文件分析报告

1.1.5　工作区窗口

工作区窗口如图 1-9 所示，可以显示目前内存中所有的 MATLAB 变量名、数据结构、字节数与类型，是 MATLAB 一个非常重要的数据分析与管理窗口。不同的变量类型有不同的变量名图标。

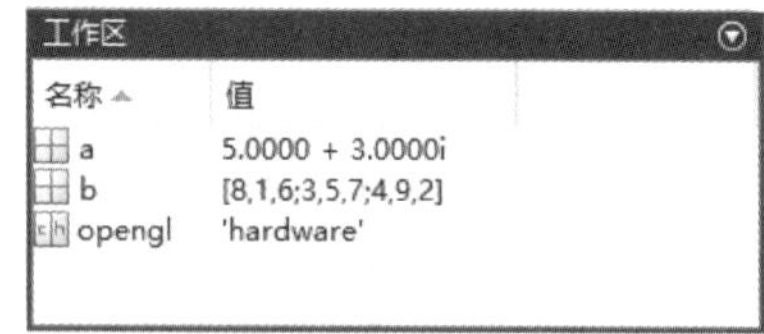

图 1-9　工作区窗口

1.1.6　功能区

MATLAB 的功能区默认由主页、绘图、APP 三个选项卡组成，利用这些选项卡，可以完成绝大多数的基本操作。

（1）“主页”选项卡

单击标题栏下方的“主页”选项卡，显示基本的文件、变量操作和路径设置等命令，如图 1-10 所示。

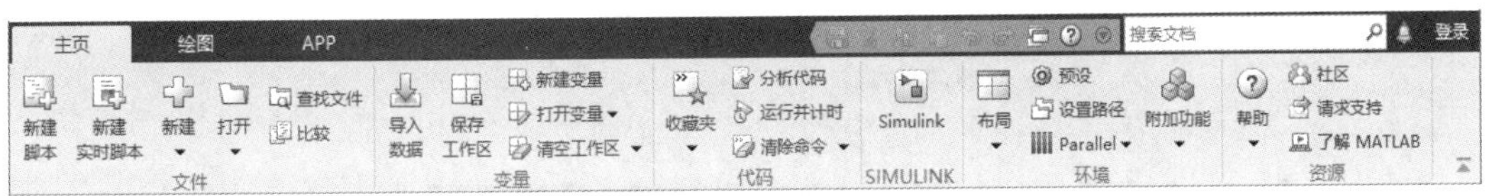

图 1-10 “主页”选项卡

其中主要的按钮功能如下：

•“新建脚本”按钮：打开编辑器窗口，新建一个空白的 M 文件。

•“新建实时脚本”按钮：打开实时编辑器，新建一个以“.mlx”为后缀的脚本文件。

•“导入数据”按钮：将数据文件导入到工作区。

•“新建变量”按钮：创建一个变量。

•“打开变量”按钮：打开所选择的数据对象。单击该按钮，在变量下拉列表中选择一个变量，打开如图 1-11 所示的变量编辑窗口，在这里可以对变量进行各种编辑操作。

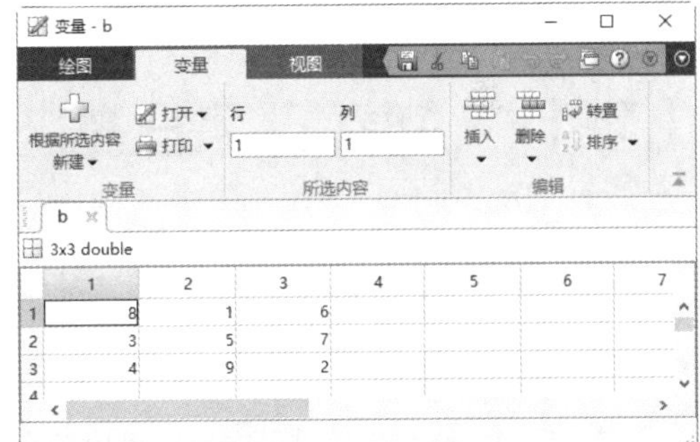

图 1-11 变量编辑窗口

•“清空工作区”按钮：删除工作区中的所有变量。

•“保存工作区”按钮：将工作区数据保存在一个“.mat”文件中。

•“收藏夹”按钮：将常用的命令进行收藏以便调用。

•“分析代码”按钮：打开代码分析器，分析当前文件夹中的 MATLAB 代码文件，查找效率低下的编码和潜在的错误。

• Simulink 按钮：打开 Simulink 主窗口。

•“布局”按钮：设置主窗口的布局选项。

•“预设”按钮：指定 MATLAB 及工具箱的预设项。

•“设置路径”按钮：更改 MATLAB 的搜索路径。

（2）“绘图”选项卡

单击标题栏下方的“绘图”选项卡，显示关于图形绘制的编辑命令，如图 1-12 所示。

图 1-12 “绘图”选项卡

（3）“APP（应用程序）”选项卡

单击标题栏下方的“APP（应用程序）”选项卡，显示多种应用程序命令，如图 1-13 所示。

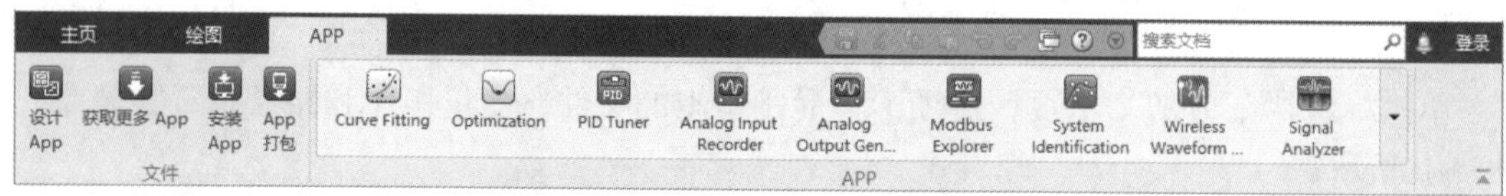

图 1-13 “APP（应用程序）”选项卡

1.2 MATLAB 的搜索路径与扩展

MATLAB 的操作是在它的搜索路径（包括当前路径）中进行的，如果调用的函数在搜索路径之外，MATLAB 就会认为该函数不存在。初学者往往会遇到这种问题，明明自己编写的函数在某个路径下，但 MATLAB 就是报告此函数不存在。其实只要把程序所在的目录扩展成为 MATLAB 的搜索路径就可以了。

1.2.1 MATLAB 的搜索路径

默认的 MATLAB 搜索路径是 MATLAB 的主安装目录和所有工具箱的目录，用户可以通过以下几种形式查看搜索路径。

（1）path 命令

在命令行窗口中输入命令 path 可得到 MATLAB 的所有搜索路径，如下所示：

```
>> path
    MATLABPATH
C: \Users\Administrator\Documents\MATLAB
    C: \Program Files\Polyspace\R2020a\toolbox\matlab\capabilities
    C: \Program Files\Polyspace\R2020a\toolbox\matlab\datafun
    C: \Program Files\Polyspace\R2020a\toolbox\matlab\datatypes
    C: \Program Files\Polyspace\R2020a\toolbox\matlab\elfun
    C: \Program Files\Polyspace\R2020a\toolbox\matlab\elmat
                              ......
    C: \Program Files\Polyspace\R2020a\toolbox\rtw\targets\xpc
\target\build\xpcblocks
    C: \Program Files\Polyspace\R2020a\toolbox\rtw\targets\xpc
\target\build\xpcobsolete
    C: \Program Files\Polyspace\R2020a\toolbox\rtw\targets\xpc
\xpc\xpcmngr
    C: \Program Files\Polyspace\R2020a\toolbox\rtw\targets\xpc
\xpcdemos
```

（2）genpath 命令

在命令行窗口中输入命令 genpath 可以得到由 MATLAB 所有搜索路径连接而成的长字符串。

（3）pathtool 命令

在命令行窗口输入命令 pathtool 进入搜索“设置路径”对话框，如图 1-14 所示。

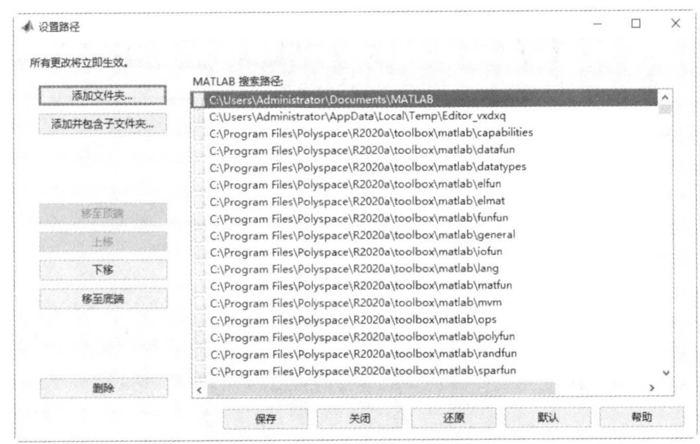

图 1-14 “设置路径”对话框

1.2.2 MATLAB 搜索路径扩展

扩展 MATLAB 搜索路径有以下几种方法。

（1）利用“设置路径”对话框

在图 1-14 所示的对话框中，单击“添加文件夹”按钮，或者单击“添加并包含子文件夹”按钮，进入文件夹浏览对话框。前者只把某一目录下的文件包含进搜索范围而忽略子目录，后者将子目录也包含进来。最好选后者，以避免一些可能的错误。

在文件夹浏览对话框中，选择一个已存在的文件夹，或者新建一个文件夹，然后在“设置路径”对话框中单击“保存”按钮，就将该文件夹保存进搜索路径了。

（2）利用 path 命令

在命令行窗口中输入以下命令：

```
path(path,'文件夹路径')
```

（3）利用 add path 命令

利用该命令不仅可以添加搜索目录，还可以设置新目录的位置。

例如：

```
addpath('c: \MATLAB\work', '-end')
addpath('c: \MATLAB\work', '-begin')
```

第一条语句是将新的目录追加到整个搜索路径的末尾；第二条语句是将新的目录追加到整个搜索路径的开始。

（4）利用 pathtool 命令

利用这个命令打开“设置路径”对话框。

第2章

扫码看实例讲解视频

MATLAB 基础知识

本章简要介绍 MATLAB 的三大基本功能：数值计算功能、符号计算功能和图形处理功能。正是因为有了这三项强大的基本功能，才使得 MATLAB 成为世界上最优秀、最受用户欢迎的数学软件。

2.1 数据类型

MATLAB 的数据类型主要包括：数字、字符串、向量、矩阵、单元型数据及结构型数据。矩阵是 MATLAB 语言中最基本的数据类型，从本质上讲它是数组。向量可以看作只有一行或一列的矩阵（或数组）；数字也可以看作矩阵，即一行一列的矩阵；字符串也可以看作矩阵（或数组），即字符矩阵（或数组）；单元型数据和结构型数据都可以看作是以任意形式的数组为元素的多维数组，只不过结构型数据的元素具有属性名。

本书中，在不需要强调向量的特殊性时，向量和矩阵统称为矩阵（或数组）。

2.1.1 变量与常量

（1）变量

变量是所有程序设计语言的基本元素之一，MATLAB 当然也不例外。与常规的程序设计语言不同的是，MATLAB 并不要求事先对所使用的变量进行声明，也不需要指定变量类型，MATLAB 语言会自动依据所赋予变量的值或对变量所进行的操作来识别变量的类型。在赋值过程中，如果赋值变量已存在，则 MATLAB 将使用新值代替旧值，并以新值类型代替旧值类型。在 MATLAB 中变量的命名应遵循如下规则：

① 变量名必须以字母开头，之后可以是任意的字母、数字或下划线。

② 变量名区分字母的大小写。

③ 变量名不超过 31 个字符，第 31 个字符以后的字符将被忽略。

与其他的程序设计语言相同，在 MATLAB 语言中也存在变量作用域的问题。在未加特殊说明的情况下，MATLAB 将所识别的一切变量视为局部变量，即仅在其使用的 M 文件内有效。若要将变量定义为全局变量，则应当对变量进行说明，即在该变量前加关键字“global”。一般来说，全局变量均用大写的英文字符表示。

（2）常量

MATLAB 语言本身也具有一些预定义的变量，这些特殊的变量称为常量。表 2-1 给出了 MATLAB 语言中经常使用的一些特殊变量。

表 2-1　MATLAB 中的特殊变量

变量名称	变量说明	变量名称	变量说明
ans	MATLAB 中的默认变量	NaN	不定值，如 0/0、∞/∞、0×∞
pi	圆周率	i（j）	复数中的虚数单位
eps	浮点运算的相对精度	realmin	最小正浮点数
inf	无穷大，如 1/0	realmax	最大正浮点数

例 2-1： 显示圆周率 pi 的值。

解： 在 MATLAB 命令窗口提示符“>>”后输入“pi”，然后按 Enter 键，出现以下内容：

```
>> pi            %直接输入预定义常量 pi
ans =
    3.1416
```

这里“ans”是指当前的计算结果，若计算时用户没有对表达式设定变量，系统就自动将当前结果赋给“ans”变量。

在定义变量时应避免与常量名相同，以免改变这些常量的值。

提示： 如果改变了某个常量的值，可以通过“clear+常量名”命令恢复该常量的初始设定值。当然，重新启动 MATLAB 也可以恢复这些常量值。

例 2-2： 给圆周率 pi 赋值 1，然后恢复。

解： MATLAB 程序如下：

```
>> pi=1          %修改常量 pi 的值
pi =
```

```
    1
>> clear pi          %恢复常量 pi 的初始值
>> pi    %查看 pi 的值
ans =
    3.1416
```

若不想让 MATLAB 每次都显示运算结果，只需在运算式最后加上分号（;）即可；若要显示变量 a 的值，直接键入 a 即可，例如“>>a”。

2.1.2 数值

MATLAB 以矩阵为基本运算单元，而构成矩阵的基本单元是数值。为了更好地学习和掌握矩阵的运算，下面对数值的基本知识进行简单介绍。

（1）数值变量的计算

将数字的值赋给变量，那么此变量称为数值变量。在 MATLAB 中进行简单数值运算，只需将运算式直接键入提示符（>>）之后，并按 Enter 键即可。例如，要计算 235 与 16 的乘积，可以直接输入：

```
>> 235*16      %直接键入运算表达式
ans =
    3760
```

用户也可以输入：

```
>> x=235*16
x =
    3760
```

此时 MATLAB 就把计算值赋给指定的变量 x 了。

在 MATLAB 中，一般代数表达式的输入就如同在纸上运算一样，如四则运算就直接用“+、-、*、/ ”即可，而乘方、开方运算分别由“^”符号和“sqrt”实现。例如：

```
>> x= 95^3     %计算 95 的 3 次方
x =
    857375
>> y= sqrt (144)       %计算 144 的平方根
y =
    12
```

当表达式比较复杂或重复出现的次数太多时，更好的办法是先定义变量，再由变量表达式计算得到结果。

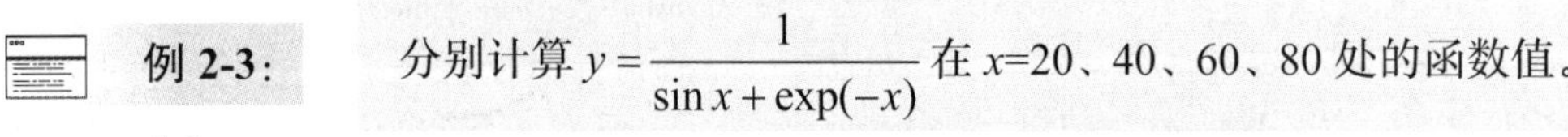

例 2-3：分别计算 $y=\dfrac{1}{\sin x+\exp(-x)}$ 在 x=20、40、60、80 处的函数值。

解：MATLAB 程序如下：

```
>> x=20:20:80;            %定义 20 到 80，间隔值为 20 的取值点
>> y=1./(sin(x)+exp(-x))         %点除运算"./"是对每一个 x 做除法运算
                                 %点除的具体用法在本章第 2 节中介绍

y =
1.0954    1.3421    -3.2807    -1.0061
```

在例 2-3 中，sin( ) 是正弦函数，exp( ) 是指数函数，这些都是 MATLAB 常用到的数学函数。MATLAB 常用的基本数学函数及三角函数见表 2-2。

表 2-2　基本数学函数与三角函数

名称	说明	名称	说明
sign（x）	符号函数（signum function）。当 x<0 时，sign（x）=-1；当 x=0 时，sign（x）=0；当 x>0 时，sign（x）=1	abs（x）	数量的绝对值或向量的长度
sin（x）	正弦函数	angle（z）	复数 z 的相角（phase angle）
cos（x）	余弦函数	sqrt（x）	开平方
tan（x）	正切函数	real（z）	复数 z 的实部
asin（x）	反正弦函数	imag（z）	复数 z 的虚部
acos（x）	反余弦函数	conj（z）	复数 z 的共轭复数
atan（x）	反正切函数	round（x）	四舍五入至最近整数
atan2（x，y）	四象限的反正切函数	fix（x）	无论正负，舍去小数至最近整数
sinh（x）	超越正弦函数	floor（x）	向负无穷大方向取整
cosh（x）	超越余弦函数	ceil（x）	向正无穷大方向取整
tanh（x）	超越正切函数	rat（x）	将实数 x 化为分数表示
asinh（x）	反超越正弦函数	rats（x）	将实数 x 化为多项分数展开
acosh（x）	反超越余弦函数	rem	求两整数相除的余数
atanh（x）	反超越正切函数		

（2）数字的显示格式

一般而言，在 MATLAB 中数据的存储与计算都是以双精度进行的，但有多种显示形式。在默认情况下，若数据为整数，就以整数显示；若数据为实数，则以保留小数点后 4 位的精度近似显示。

用户可以改变数字显示格式。控制数字显示格式的命令是 format，其调用格式见表 2-3。

例 2-4：　控制数字显示格式示例。

解：MATLAB 程序如下：

```
>> format long, pi         %设置 pi 的输出格式为长固定十进制小数点格式
ans =
   3.141592653589793
```

表 2-3 format 调用格式

调用格式	说明
format short	5 位定点表示（默认值），短固定十进制小数点格式，小数点后包含 4 位数
format long	长固定十进制小数点格式，double 值的小数点后包含 15 位数，single 值的小数点后包含 7 位数
format shortE	短科学记数法，5 位浮点表示，小数点后包含 4 位数
format longE	长科学记数法，15 位浮点表示，double 值的小数点后包含 15 位数，single 值的小数点后包含 7 位数
format shortG	在 5 位定点和 5 位浮点中选择最好的格式显示，MATLAB 自动选择
format longG	在 15 位定点和 15 位浮点中选择最好的格式显示，MATLAB 自动选择
format shortEng	短工程记数法，小数点后包含 4 位数，指数为 3 的倍数
format longEng	长工程记数法，包含 15 位有效位数，指数为 3 的倍数
format hex	十六进制格式表示
format +	在矩阵中，用符号+、-和空格表示正号、负号和零
format bank	用美元与美分定点表示
format rat	以有理数形式输出结果
format compact	变量之间没有空行
format loose	变量之间有空行

2.1.3 字符串

字符和字符串运算是各种高级语言必不可少的部分。MATLAB 作为一种高级的数值计算语言，字符串运算功能同样是很丰富的。特别是 MATLAB 增加了符号运算工具箱（Symbolic Toolbox）之后，字符串函数的功能进一步得到增强，此时的字符串已不再是简单的字符串运算，而是 MATLAB 符号运算表达式的基本构成单元。

（1）字符串的生成

① 直接赋值生成　在 MATLAB 中，字符串都应用单引号设定后输入或赋值（input 命令除外）。

例 2-5： 利用单引号生成字符串示例。

```
>> s='matrix laboratory'
s =
   'matrix laboratory'
```

说明：①在 MATLAB 中，字符串与字符数组基本上是等价的，可以用函数 size 查看数组的维数。如：

```
>> size(s)
ans=
   1  17
```

② 字符串的每个字符（包括空格）都是字符数组的一个元素。如：

```
>> s(9)          %字符数组第 9 个元素
ans =
    'a'
```

③ 由函数 char 生成字符数组

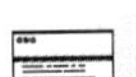

例 2-6： 用函数 char 来生成字符数组示例。

```
>> s3=char('s','y','m','b','l','i','c')          %使用函数 char
生成字符数组 s3
s3 =
  7×1 char 数组
    's'
    'y'
    'm'
    'b'
    'l'
    'i'
    'c'
>> s3'          %将字符数组转置
ans =
    'symblic'
```

（2）数值数组和字符串之间的转换

数值数组和字符串之间的转换，可由表 2-4 中的函数实现。

表 2-4　数值数组合字符串之间的转换函数表

命令名	说明	命令名	说明
num2str	数值转换成字符串	str2num	字符串转换为数字
in2str	整数转换成字符串	spintf	将格式数据写成字符串
mat2str	矩阵转换成字符串	sscanf	在格式控制下读字符串

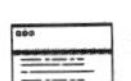

例 2-7： 数字数组和字符串转换示例。

解：MATLAB 程序如下：

```
>> x=[1:5];          %生成数值介于 1 到 5，间隔值为 1 的矩阵 x
>> y=num2str(x)          %将数值矩阵 x 转换为字符串
y =
    '1  2  3  4  5'
>> x*2      %计算数值矩阵与 2 的乘积
```

```
ans =
      2    4    6    8   10
>> y*2     %计算字符串与 2 的乘积
ans =
  1 至 11 列
    98    64    64   100    64    64   102    64    64   104    64
  12 至 13 列
    64   106
```

注意 ATTENTION

数值数组转换成字符数组后，虽然表面上形式相同，但此时的元素是字符而非数字，因此要使字符数组能够进行数值计算，应先将其转换成数值。

（3）字符串操作

MATLAB 对字符串的操作与 C 语言完全相同，见表 2-5。

表 2-5　字符串操作函数表

命令名	说明	命令名	说明
strcat	链接串	strrep	以其他串代替此串
strvcat	垂直链接串	strtok	寻找串中记号
strcmp	比较串	upper	转换串为大写
strncmp	比较串的前 *n* 个字符	lower	转换串为小写
findstr	在其他串中找此串	blanks	生成空串
strjust	证明字符数组	deblank	移去串内空格
strmacth	查找可能匹配的字符串		

2.1.4　向量

2.1.4.1　向量的生成

向量的生成有直接输入法、冒号法和利用 MATLAB 函数创建四种方法。

（1）直接输入法

生成向量最直接的方法就是在命令行窗口中直接输入。格式上的要求如下：

① 向量元素需要用“[ ]”括起来；

② 元素之间可以用空格、逗号或分号分隔。

说明：用空格和逗号分隔生成行向量，用分号分隔形成列向量。

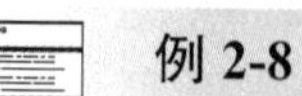

例 2-8：　向量的生成的直接输入法示例。

解：MATLAB 程序如下：

```
>> x=[2 4 6 8]      %生成行向量 x
x =
   2    4    6    8
```

又如

```
>> x=[1; 2; 3]      %生成列向量 x
x =
      1
      2
      3
```

（2）冒号法

基本格式是“x=first：increment：last”，表示创建一个从 first 开始，到 last 结束，数据元素的增量为 increment 的向量。若增量为 1，创建向量的方式简写为“x=first：last”。

例 2-9： 创建一个从 0 开始，增量为 2，到 10 结束的向量 x。

解：MATLAB 程序如下：

```
>> x=0:2:10        %使用冒号法生成向量
x =
 0    2    4    6    8   10
```

（3）利用函数 linspace 创建向量

linspace 通过直接定义数据元素个数，而不是数据元素直接的增量来创建向量。此函数的调用格式如下：

① y = linspace（x1，x2）

该调用格式表示创建一个从 x1 开始，到 x2 结束，100 个等间距点组成的行向量 y。

② y = linspace（x1，x2，n）

该调用格式表示创建一个从 x1 开始，到 x2 结束，等间距的 n 个元素组成的行向量 y。

例 2-10： 创建一个从 0 开始，到 10 结束，包含 6 个数据元素的向量 x。

```
>> x=linspace（0，10，6）
x =
 0    2    4    6    8   10
```

（4）利用函数 logspace 创建一个对数分隔的向量

与 linspace 一样，logspace 也通过直接定义向量元素个数，而不是数据元素之间的增量来创建数组。logspace 的调用格式如下：

① y = logspace（a，b）

该调用格式表示创建一个从 10^a 开始，到 10^b 结束的 50 个对数间距点组成的行向量 y。

② y = logspace（a，b，n）

该调用格式表示创建一个从 10^a 开始，到 10^b 结束的 n 个对数间距点组成的行向量 y。

③ y = logspace（a，pi）

该调用格式表示创建一个从 10^a 开始，到 pi 结束的 50 个对数间距点组成的行向量 y。

④ y = logspace（a，pi，n）

该调用格式表示创建一个从 10^a 开始，到 pi 结束的 n 个对数间距点组成的行向量 y。

例 2-11：创建一个从 10 开始，到 10^3 结束，包含 3 个数据元素的向量 x。

解：MATLAB 程序如下：

```
>> x=logspace(1, 3, 3)
x =
    10      100      1000
```

2.1.4.2 向量元素的引用

向量元素引用的方式见表 2-6。

表 2-6 向量元素引用的方式

格式	说明
x（n）	表示向量中的第 n 个元素
x（n1:n2）	表示向量中的第 n1 个至第 n2 个元素

例 2-12：向量元素的引用示例。

解：MATLAB 程序如下：

```
>> x=[1 2 3 4 5]            %创建向量 x
x =
   1    2    3    4    5
>> x(2:4)                  %向量第 2 个到第 4 个元素
ans =
   2    3    4
```

2.1.5 矩阵

MATLAB 即 Matrix Laboratory（矩阵实验室）的缩写，可见该软件在处理矩阵问题上的优势。本节主要介绍如何用 MATLAB 来进行“矩阵实验”，即如何生成矩阵，如何对已知矩阵进行各种变换等。

2.1.5.1 矩阵的生成

矩阵的生成主要有直接输入法、M 文件生成法和文本文件生成法等。

（1）直接输入法

在键盘上直接按行方式输入矩阵是最方便、最常用的创建数值矩阵的方法，尤其适合较小的简单矩阵。在用此方法创建矩阵时，应当注意以下几点：

① 输入矩阵时要以“[ ]”为其标识符号，矩阵的所有元素必须都在括号内。

② 矩阵同行元素之间由空格（个数不限）或逗号分隔，行与行之间用分号或回车键分隔。

③ 矩阵大小不需要预先定义。

④ 矩阵元素可以是运算表达式。

⑤ 若“[ ]”中无元素，表示空矩阵。

⑥ 如果不想显示中间结果，可以用“;”结束。

例 2-13： 创建一个带有运算表达式的矩阵。

解：MATLAB 程序如下：

```
>> B=[sin(pi/3), cos(pi/4); log(3), tanh(6)]        %直接输入矩阵
B =
     0.8660    0.7071
     1.0986    1.0000
```

注意 ATTENTION

在输入矩阵时，MATLAB 允许方括号里还有方括号，例如下面的语句是合法的：

>> [[1 2 3]; [2 4 6]; 7 8 9]

其结果是一个 3 阶方阵。

（2）M 文件生成法

如果矩阵的规模比较大，直接输入法就显得笨拙、易出差错，也不易修改。为了解决这些问题，可以将要输入的矩阵按格式先写入一个文本文件中，并将此文件以“.m”为其扩展名，即 M 文件。

M 文件是一种可以在 MATLAB 环境下运行的文本文件，分为命令式文件和函数式文件两种。在此处主要用到的是命令式 M 文件，用它的简单形式来创建大型矩阵。在 MATLAB 命令行窗口中输入 M 文件名，M 文件中的大型矩阵即可被输入到内存中。

例 2-14： 编制一个名为 abc.m 的 M 文件。

解：在 M 文件编辑器中输入：

```
%abc.m
%创建一个 M 文件，用以输入大规模矩阵
gmatrix=[378 89 90  83 382 92 29;
        3829 32 9283 2938 378 839 29;
        388 389 200 923 920 92 7478;
```

```
    3829 892 66 89 90 56 8980;
    7827 67 890 6557 45  123 35]
```

以文件名“abc.m”保存，然后在MATLAB命令行窗口中输入文件名，得到下面的结果：

```
>>abc
gmatrix =
  1 至 5 列
     378         89         90         83        382
    3829         32       9283       2938        378
     388        389        200        923        920
    3829        892         66         89         90
    7827         67        890       6557         45
  6 至 7 列
      92         29
     839         29
      92       7478
      56       8980
     123         35
```

通常，上例中的矩阵还不算大型矩阵，此处只是借例说明。

M文件中的变量名与文件名不能相同，否则会造成变量名和函数名的混乱。

（3）文本文件生成法

MATLAB中的矩阵还可以由文本文件创建，即在文件夹（通常为work文件夹）中建立，“.txt”文件，在命令行窗口中直接调用此文件名即可。

例2-15： 用文本文件创建矩阵 $x=\begin{bmatrix}1 & 1 & 1\\ 1 & 2 & 3\\ 1 & 3 & 6\end{bmatrix}$。

解：事先在记事本中建立文件：

```
1    1    1
1    2    3
1    3    6
```

并保存为data.txt。然后在MATLAB命令行窗口中输入：

```
>> load data.txt          %加载文件
>> data         %读取文本文件中的数据
data =
     1     1     1
```

```
    1     2     3
    1     3     6
```

（4）特殊矩阵的生成

在工程计算以及理论分析中，经常会遇到一些特殊的矩阵，比如全 0 矩阵、单位矩阵、随机矩阵等。对于这些矩阵，在 MATLAB 中都有相应的命令可以直接生成。下面就介绍一些常用的命令。常用的特殊矩阵生成命令见表 2-7。

表 2-7　特殊矩阵生成命令

命令名	说明
zeros（m）	生成 m 阶全 0 矩阵
zeros（m，n）	生成 m 行 n 列全 0 矩阵
zeros（size（A））	创建与 A 维数相同的全 0 矩阵
eye（m）	生成 m 阶单位矩阵
eye（m，n）	生成 m 行 n 列单位矩阵
eye（size（A））	创建与 A 维数相同的单位矩阵
ones（m）	生成 m 阶全 1 矩阵
ones（m，n）	生成 m 行 n 列全 1 矩阵
ones（size（A））	创建与 A 维数相同的全 1 矩阵
rand（m）	在[0，1]区间内生成 m 阶均匀分布的随机矩阵
rand（m，n）	在[0，1]区间内生成 m 行 n 列均匀分布的随机矩阵
rand（size（A））	在[0，1]区间内创建一个与 A 维数相同的均匀分布的随机矩阵
magic（n）	生成 n 阶魔方矩阵
hilb（n）	生成 n 阶希尔伯特（Hilbert）矩阵
invhilb（n）	生成 n 阶逆希尔伯特（Hilber）矩阵
compan（P）	创建系数向量是 P 的多项式的伴随矩阵
diag（v）	创建一向量 v 中的元素为对角的对角阵

例 2-16：　特殊矩阵生成示例。

解：在 MATLAB 命令行窗口中输入以下命令：

```
 >> zeros(3)      %创建 3 阶全零方阵
ans =
     0     0     0
     0     0     0
     0     0     0
>> zeros(3, 2)         %创建 3 行 2 列的全零矩阵
ans =
         0     0
         0     0
         0     0
>> ones(3, 2)          %创建 3 行 2 列的全 1 矩阵
ans =
```

```
     1     1
     1     1
     1     1
>> ones(3)          %创建 3 阶全 1 方阵
ans =
     1     1     1
     1     1     1
     1     1     1
>> rand(3)          %创建 3 阶均匀分布的随机矩阵
ans =
    0.8147    0.9134    0.2785
    0.9058    0.6324    0.5469
    0.1270    0.0975    0.9575
>> rand(3,2)            %创建 3 行 2 列均匀分布的随机矩阵
ans =
    0.9649    0.9572
    0.1576    0.4854
    0.9706    0.8003
>> magic(3)         %创建 3 阶魔方矩阵
ans =
     8     1     6
     3     5     7
     4     9     2
>> hilb(3)          %创建 3 阶希尔伯特矩阵
ans =
    1.0000    0.5000    0.3333
    0.5000    0.3333    0.2500
    0.3333    0.2500    0.2000
>> invhilb(3)           %生成 3 阶逆希尔伯特(Hilber)矩阵
ans =
     9   -36    30
   -36   192  -180
    30  -180   180
```

如果矩阵中只含有少量的非零元素，则这样的矩阵称为稀疏矩阵。在实际问题中，经常会碰到大型稀疏矩阵。对于一个用矩阵描述的联立线性方程组来说，含有 n 个未知数的问题会设计成一个 $n \times n$ 的矩阵，那么解这个方程组就需要 n 的平方个字节的内存空间和正比于 n 的立方的计算时间。但在大多数情况下矩阵往往是稀疏的，为了节省存储空间和计算时间，MATLAB 考虑到矩阵的稀疏性，在对它进行运算时有特殊的命令。

稀疏矩阵的创建由函数 sparse 实现，具体的调用格式有如下 5 种。

① 函数调用格式 1：

```
S = sparse(A)
```

这个函数格式的功能是将矩阵 A 转化为稀疏矩阵形式，即由 A 的非零元素和下标构成稀疏矩阵 S。若 A 本身为稀疏矩阵，则返回 A 本身。

② 函数调用格式 2：

```
S = sparse(m, n)
```

这个函数格式的功能是生成一个 $m\times n$ 的、所有元素都是 0 的稀疏矩阵。

③ 函数调用格式 3：

```
S = sparse(i, j, v)
```

这个函数格式的功能是：生成一个由长度相同的向量 i、j 和 v 定义的稀疏矩阵 S。其中 i、j 是整数向量，定义稀疏矩阵的元素位置（i, j）；v 是一个标量或与 i、j 长度相同的向量，表示在（i, j）位置上的元素。

④ 函数调用格式 4：

```
S = sparse(i, j, v, m, n)
```

这个函数格式的功能是生成一个 $m\times n$ 的稀疏矩阵，$m=\max(i)$，$n=\max(j)$。

⑤ 函数调用格式 5：

```
S = sparse(i, j, v, m, n, nz)
```

这个函数格式的功能是生成一个 $m\times n$ 的含有 nz 个非零元素的稀疏矩阵 S，nz 的值必须大于或等于向量 i 和 j 的长度。

例 2-17： 生成稀疏矩阵示例。

解： 在 MATLAB 命令行窗口中输入以下命令：

```
>> S=sparse(1:10, 1:10, 1:10) %创建主对角线上的值为 1 到 10 的稀疏矩阵 S
S =
 (1, 1)        1
 (2, 2)        2
 (3, 3)        3
 (4, 4)        4
 (5, 5)        5
 (6, 6)        6
 (7, 7)        7
 (8, 8)        8
 (9, 9)        9
 (10, 10)      10
>> S=sparse(1:10, 1:10, 5)      %创建主对角线上的值均为 5 的稀疏矩阵 S
S =
 (1, 1)        5
 (2, 2)        5
 (3, 3)        5
 (4, 4)        5
```

```
(5, 5)        5
(6, 6)        5
(7, 7)        5
(8, 8)        5
(9, 9)        5
(10, 10)      5
```

2.1.5.2 矩阵元素的引用

矩阵元素的引用格式见表 2-8。

表 2-8 矩阵元素的引用格式

格式	说明
X（m，:）	表示矩阵中第 m 行的元素
X（:，n）	表示矩阵中第 n 列的元素
X（m，n1:n2）	表示矩阵中第 m 行中第 n1 个至第 n2 个元素

例 2-18：矩阵元素的引用示例。

解：在 MATLAB 命令行窗口中输入以下命令：

```
>> x=[1 2 3; 4 5 6; 7 8 9];                  %创建矩阵 x
>> x(:, 3)                  %矩阵的第 3 列元素
ans =
     3
     6
     9
```

2.1.5.3 矩阵元素的修改

矩阵建立之后，还需要对其元素进行修改。表 2-9 列出了常用的矩阵元素修改命令。

表 2-9 矩阵元素修改命令

命令名	说明
D=[A；B C]	A 为原矩阵，B、C 中包含要扩充的元素，D 为扩充后的矩阵
A（m，:）=[]	删除 A 的第 m 行
A（:，n）=[]	删除 A 的第 n 列
A（m，n）=a；A（m，:）=[a b…]；A（:，n）=[a b…]	对 A 的第 m 行第 n 列的元素赋值；对 A 的第 m 行赋值；对 A 的第 n 列赋值

例 2-19：矩阵的修改示例。

解：在 MATLAB 命令行窗口中输入以下命令：

```
>> A=[1 2 3; 4 5 6]; %创建2行3列的矩阵A
>> B=eye(2)      %创建一个主对角线元素为1，其他位置元素为0的2×2单位矩阵
B =
     1     0
     0     1
>> C=zeros(2, 1)           %创建一个2×1全零矩阵
C =
     0
     0
>> D=[A; B C]       %将矩阵B和C中的元素扩充到矩阵A
D =
     1     2     3
     4     5     6
     1     0     0
     0     1     0
```

2.1.5.4 矩阵的变维

矩阵的变维可以用符号“:”法和 reshape 函数法。reshape 函数的调用形式如下。

（1）reshape（A，sz）

将已知矩阵 A 变维成由向量 sz 指定的矩阵。

（2）reshape（A，sz1，⋯，szN）

将已知矩阵 A 变维成 sz1 × ⋯ × szN 矩阵。

例 2-20： 矩阵的变维示例。

解：在 MATLAB 命令行窗口中输入以下命令：

```
>> A=1:12;            %创建1到12的线性间隔矩阵A
>> B=reshape(A, [3, 4])           %将A重构为3行4列的矩阵
B =
     1     4     7    10
     2     5     8    11
     3     6     9    12
>> C=zeros(4, 3);                         %用":"法必须先设定修改后矩阵的形状
>> C(:)=A(:)                 %使用":"号将A变维成4行3列
C =
     1     5     9
     2     6    10
```

```
     3     7    11
     4     8    12
```

2.1.5.5 矩阵的变向

常用的矩阵变向命令见表 2-10。

表 2-10 矩阵变向命令

命令名	说明
rot90（A）	将 A 逆时针方向旋转 90°
rot90（A，k）	将 A 逆时针方向旋转 90°×k，k 可为正整数或负整数
flip（A）	反转矩阵 A 中的元素顺序，重新排序的维度取决于 A 的形状
flip（A，dim）	沿维度 dim 反转 A 中元素的顺序。dim=1 时反转每一列中的元素，dim=2 时反转每一行中的元素
fliplr（X）	将 X 左右翻转
flipud（X）	将 X 上下翻转

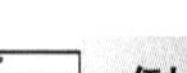

例 2-21： 矩阵的变向示例。

解：在 MATLAB 命令行窗口中输入以下命令：

```
>> C=[1 4 7 10; 2 5 8 11; 3 6 9 12]          %直接输入矩阵 C
C =
     1     4     7    10
     2     5     8    11
     3     6     9    12
>> rot90(C, 3)          %将矩阵 C 逆时针旋转 270°，即顺时针旋转 90°
ans =
     3     2     1
     6     5     4
     9     8     7
    12    11    10
>> flip(C, 1)           %反转矩阵 C 中每一列的元素
ans =
     3     6     9    12
     2     5     8    11
     1     4     7    10
>> flip(C, 2)           %反转矩阵 C 中每一行的元素
ans =
    10     7     4     1
    11     8     5     2
    12     9     6     3
```

2.1.5.6 矩阵的抽取

对矩阵元素的抽取主要是指对对角线元素和上（下）三角阵的抽取。抽取命令见表 2-11。

表 2-11 抽取命令

命令名	说明
diag（X，k）	抽取矩阵 X 的第 k 条对角线上的元素向量。k 为 0 时即抽取主对角线，k 为正整数时抽取主对角线上方第 k 条对角线上的元素，k 为负整数时抽取主对角线下方第 k 条对角线上的元素
diag（X）	抽取主对角线
diag（v，k）	使得 v 为所得矩阵第 k 条对角线上的元素向量
diag（v）	使得 v 为所得矩阵主对角线上的元素向量
tril（X）	提取矩阵 X 的主对角线下三角部分
tril（X，k）	提取矩阵 X 的第 k 条对角线下面的部分（包括第 k 条对角线）
triu（X）	提取矩阵 X 的主对角线上三角部分
triu（X，k）	提取矩阵 X 的第 k 条对角线上面的部分（包括第 k 条对角线）

例 2-22： 矩阵抽取示例。

解： MATLAB 程序如下：

```
>> A=magic(4)          %创建 4 阶魔方矩阵 A
 A =
      16     2     3    13
       5    11    10     8
       9     7     6    12
       4    14    15     1
>> v=diag(A, 2)        %抽取矩阵 A 主对角线上方第 2 条对角线上的元素
v =
       3
       8
>> tril(A, -1)         %提取矩阵 A 主对角线下方的第 1 条对角线及下方的元素
ans =
       0     0     0     0
       5     0     0     0
       9     7     0     0
       4    14    15     0
>> triu(A, 2)          %提取矩阵 A 主对角线上方第 2 条对角线及上方的元素
 ans =
       0     0     3    13
       0     0     0     8
       0     0     0     0
       0     0     0     0
```

2.1.6 单元型变量

单元型变量是以单元为元素的数组，每个元素称为单元，每个单元可以包含其他类型的数组，如实数矩阵、字符串、复数向量。单元型变量通常由“{}”创建，其数据通过数组下标来引用。

2.1.6.1 单元型变量的创建

单元型变量的定义有两种方式，一种是用赋值语句直接定义，另一种是由 cell 函数预先分配存储空间，然后对单元元素逐个赋值。

（1）赋值语句直接定义

在直接赋值过程中，与在矩阵的定义中使用中括号不同，单元型变量的定义需要使用大括号，而元素之间由逗号隔开。

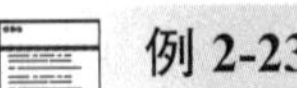

例 2-23： 创建一个 1 × 4 的单元型数组。

解：MATLAB 程序如下：

```
>> A=[1 2; 3 4]; %创建 2×2 矩阵 A
>> B=3+2*i;       %创建复数 B
>> C='efg';       %创建字符串 C
>> D=2;           %创建数值变量 D
>> E={A, B, C, D}     %创建单元型变量 E
E =
1×4 cell 数组
    {2×2 double}    {[3.0000 + 2.0000i]}    {'efg'}    {[2]}
```

MATLAB 语言会根据显示的需要决定是将单元元素完全显示，还是只显示存储量来代替。

（2）对单元的元素逐个赋值

该方法的操作方式是先预分配单元型变量的存储空间，然后对变量中的元素逐个进行赋值。实现预分配存储空间的函数是 cell。

例 2-23 中的单元型变量 E 还可以由以下方式定义：

```
>> E=cell(1, 3);          %创建由空矩阵构成的 1×3 单元型变量 E
>> E{1, 1}=[1:4];         %将矩阵赋值给单元型变量的第 1 行第 1 列
>> E{1, 2}=3+4i;      %将复数赋值给单元型变量的第 1 行第 2 列
>> E{1, 3}=2;     %将数值赋值给单元型变量的第 1 行第 3 列
>> E        %输出单元型变量
E=
```

```
  1×3 cell 数组
    {1×4 double}    {[3.0000 + 4.0000i]}    {[2]}
```

2.1.6.2 单元型变量的引用

单元型变量的引用应当采用大括号作为下标的标识符，而小括号作为下标标识符则只显示该元素的压缩形式。

例 2-24：单元型变量的引用示例。

解：MATLAB 程序如下：

```
>> E{1}          %完全显示第一个单元元素
ans =
     1     2     3     4
>> E(1)          %显示第一个单元元素的压缩形式
ans =
1×1 cell 数组
     {1×4 double}
```

2.1.6.3 MATLAB 语言中有关单元型变量的函数

MATLAB 语言中有关单元型变量的函数见表 2-12。

表 2-12 MATLAB 语言中有关单元型变量的函数表

函数名	说明	函数名	说明
cell	生成单元型变量	deal	输入输出处理
cellfun	调用其他函数对单元型变量中的元素作用	cell2struct	将单元型变量转换成结构型变量
celldisp	显示单元型变量的内容	struct2cell	将结构型变量转换成单元型变量
cellplot	用图形显示单元型变量的内容	iscell	判断是否为单元型变量
num2cell	将数值转换成单元型变量	reshape	改变单元数组的结构

例 2-25：判断单元型变量 C 中的元素是否为逻辑变量。

解：MATLAB 程序如下：

```
  >> C = {3, 6, 9; 'hello', rand(1, 10, 3), {22;  55;  88}} %创建 2×3
单元型变量 C
  C =
    2×3 cell 数组
      {[    3]}    {[              6]}    {[    9]}
      {'hello'}    {1×10×3 double}    {3×1 cell}
```

```
>> cellfun('islogical', c)   %判断单元型变量 c 中的每个单元是否为逻辑数组
  ans =
    2×3 logical 数组
     0   0   0
     0   0   0
  >> cellplot(c)   %以图形方式显示单元型变量的结构体
```

结果如图 2-1 所示。

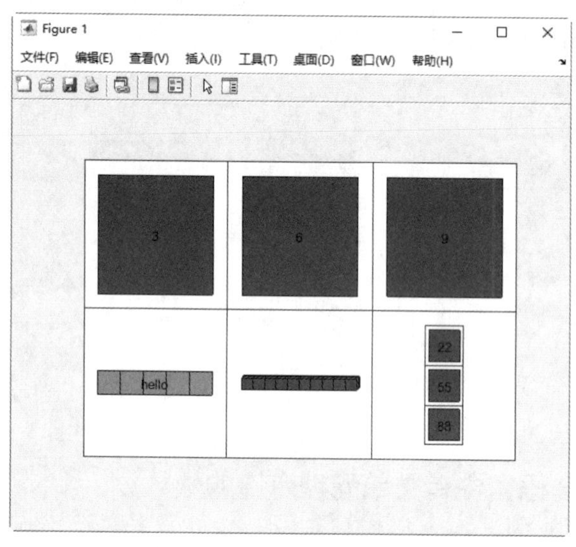

图 2-1　单元变量图形输出

2.1.7　结构型变量

（1）结构型变量的创建和引用

结构型变量是根据属性名（field）组织起来的不同数据类型的集合。结构的任何一个属性可以包含不同的数据类型，如字符串、矩阵等。结构型变量用函数 struct 创建，其调用格式见表 2-13。

结构型变量数据通过属性名来引用。

表 2-13　struct 调用格式

调用格式	说明
s=struct	创建不包含任何字段的标量（1×1）结构体
s=struct（field，value）	创建具有指定字段和值的结构体数组
s=struct（'field'，values1，'field2'，values2，…）	表示建立一个具有属性名和数据的结构数组
s=struct（[]）	创建不包含任何字段的空（0×0）结构体
s=struct（obj）	创建包含与 obj 的属性对应的字段名称和值的标量结构体

例 2-26： 创建一个结构型变量。

解： MATLAB 程序如下：

```
>> student=struct('name',{'Wang','Li'},'Age',{20,23})   % 创建结构型变量 student
   student =
   包含以下字段的 1×2 struct 数组：
     name
     Age
   >> student(1)              % 输出结构型变量的第一个元素
ans =
     包含以下字段的 1×2 struct 数组：
     name: 'Wang'
     Age: 20
   >> student(2)              % 输出结构型变量的第二个元素
ans =
     包含以下字段的 1×2 struct 数组：
     name: 'Li'
     Age: 23
   >> student(2).name         % 输出第二个元素的 name 属性值
    包含以下字段的 1×2 struct 数组：
ans =
     'Li'
```

（2）结构型变量的相关函数

MATLAB 语言中有关结构型变量的函数见表 2-14。

表 2-14 MATLAB 语言结构型变量的函数

函数名	说明	函数名	说明
struct	创建结构型变量	rmfield	删除结构型变量的属性
fieldnames	返回结构型变量的属性名	isfield	判断是否为结构型变量的属性
getfield	返回结构型变量的属性值	isstruct	判断是否为结构型变量
setfield	设定结构型变量的属性值		

2.2 运算符

MATLAB 提供了丰富的运算符，能满足用户的各种应用。这些运算符包括算术运算符、关系运算符和逻辑运算符三种。本节将简要介绍各种运算符的功能。

2.2.1 算术运算符

MATLAB 语言的算术运算符见表 2-15。

表 2-15 MATLAB 语言的算术运算符

运算符	定义	运算符	定义
+	算术加	\	算术左除
-	算术减	.\	点左除
*	算术乘	/	算术右除
.*	点乘	./	点右除
^	算术乘方	'	矩阵转置。当矩阵是复数时，求矩阵的共轭转置
.^	点乘方	.'	矩阵转置。当矩阵是复数时，不求矩阵的共轭

其中，算术运算符加减乘除及乘方与传统意义上的加减乘除及乘方类似，用法基本相同，而点乘、点乘方等运算有其特殊的一面。点运算是指元素点对点的运算，即矩阵内元素对元素之间的运算。点运算要求参与运算的变量在结构上必须是相似的。

MATLAB 的除法运算较为特殊。对于简单数值而言，算术左除与算术右除也不同。算术右除与传统的除法相同，即 $a/b=a\div b$；而算术左除 $a\backslash b$ 则与传统的除法相反，即 $a\backslash b=b\div a$。对矩阵而言，算术右除 a/b 相当于求解线性方程 $x*b=a$ 的解；算术左除 $a\backslash b$ 相当于求解线性方程 $a*x=b$ 的解。点左除与点右除与点运算相似，是变量对应于元素进行点除。

2.2.2 关系运算符

关系运算符主要用于对矩阵与数、矩阵与矩阵进行比较，返回表示二者关系的由数 0 和 1 组成的矩阵，0 和 1 分别表示不满足和满足指定关系。

MATLAB 语言的关系运算符见表 2-16。

表 2-16 MATLAB 语言的关系运算符

运算符	定义	运算符	定义
==	等于	>=	大于等于
~=	不等于	<	小于
>	大于	<=	小于等于

2.2.3 逻辑运算符

MATLAB 语言进行逻辑判断时，所有非零数值均被认为真，而零为假。在逻辑判断结果中，判断为真时输出 1，判断为假时输出 0。

MATLAB 语言的逻辑运算符见表 2-17。

表 2-17 MATLAB 语言的逻辑运算符

运算符	定义
&或 and	逻辑与。两个操作数同时为 1 时，结果为 1，否则为 0
|或 or	逻辑或。两个操作数同时为 0 时，结果为 0，否则为 1
~或 not	逻辑非。当操作数为 0 时，结果为 1，否则为 0
xor	逻辑异或。两个操作数相同时，结果为 0，否则为 1

在算术、关系、逻辑三种运算符中，算术运算符优先级最高，关系运算符次之，而逻辑运算符优先级最低。在逻辑运算符中，“非”的优先级最高，“与”和“或”有相同的优先级。

2.3 数值运算

MATLAB 具有强大的数值运算功能，它是 MATLAB 软件的基础。自商用的 MATLAB 软件推出之后，它的数值运算功能日趋完善。

2.3.1 矩阵运算

本节主要介绍矩阵的一些基本运算，如矩阵的四则运算、求矩阵行列式、求矩阵的秩、求矩阵的逆、求矩阵的迹以及求矩阵的条件数与范数等。下面将分别介绍这些运算。

2.3.1.1 矩阵的基本运算

矩阵的基本运算包括加、减、乘、数乘、点乘、乘方、左乘、右乘、求逆等。其中加、减、乘与大家所学的线性代数中的定义是一样的，相应的运算符为“+”“-”“*”，而矩阵的除法运算是 MATLAB 所特有的，分为左除和右除，相应运算符为“\”和“/”。一般情况下，$X=A\backslash B$ 是方程 $A*X=B$ 的解，而 $X=A/B$ 是方程 $X*B=A$ 的解。

对于上述的四则运算，需要注意的是：矩阵的加、减、乘运算的维数要求与线性代数中的要求一致，计算左除 $A\backslash B$ 时，A 的行数要与 B 的行数一致，计算右除 A/B 时，A 的列数要与 B 的列数一致。下面来看一个例子。

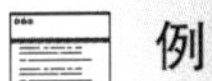

例 2-27： 矩阵的基本运算示例。

解： MATLAB 程序如下：

```
>> A=[3 8 9; 0 3 3; 7 9 5];          %创建矩阵 A 和 B
>> B=[8 3 9; 2 8 1; 3 9 1];
>> A*B      %两个矩阵相乘
```

```
ans =
    67   154    44
    15    51     6
    89   138    77
>> A.*B           %矩阵的点乘运算
ans =
    24    24    81
     0    24     3
    21    81     5
>> A.\B           %矩阵的点除运算
ans =
    2.6667    0.3750    1.0000
       Inf    2.6667    0.3333
    0.4286    1.0000    0.2000
>> inv(A)             %求 A 的逆矩阵
ans =
    0.2105   -0.7193    0.0526
   -0.3684    0.8421    0.1579
    0.3684   -0.5088   -0.1579
```

另外，常用的运算还有指数函数、对数函数、平方根函数等。用户可查看相应的帮助获得使用方法和相关信息。

2.3.1.2 基本的矩阵函数

常用的矩阵函数见表 2-18。

表 2-18 MATLAB 常用矩阵函数

函数名	说明	函数名	说明
cond	矩阵的条件数值	diag	对角变换
condest	1-范数矩阵条件数值	exmp	矩阵的指数运算
det	矩阵的行列式值	logm	矩阵的对数运算
eig	矩阵的特征值	sqrtm	矩阵的开方运算
inv	矩阵的逆	cdf2rdf	复数对角矩阵转换成实数块对角矩阵
norm	矩阵的范数值	rref	转换成逐行递减的阶梯矩阵
normest	矩阵的 2-范数值	rsf2csf	实数块对角矩阵转换成复数对角矩阵
rank	矩阵的秩	rot90	矩阵逆时针方向旋转 90°
orth	矩阵的正交化运算	fliplr	左、右翻转矩阵
rcond	矩阵的逆条件数值	flipud	上、下翻转矩阵
trace	矩阵的迹	reshape	改变矩阵的维数
triu	上三角变换	funm	一般的矩阵函数
tril	下三角变换		

矩阵的条件数在数值分析中是一个重要的概念，在工程计算中也是必不可少的，它用于

刻画一个矩阵的“病态”程度。

对于非奇异矩阵 A，其条件数的定义为

$$\text{cond}(A)_v = \|A^{-1}\|_v \|A\|_v,\quad v=1,2,\cdots,F$$

它是一个大于或等于 1 的实数，当 A 的条件数相对较大，即 $\text{cond}(A)_v$>>1 时，矩阵 A 是“病态”的，反之是“良态”的。

范数是数值分析中的一个概念，它是向量或矩阵大小的一种度量，在工程计算中有着重要的作用。对于向量 $x\in R^n$，常用的向量范数有以下几种：

- x 的∞-范数：$\|x\|_\infty = \max\limits_{1\leqslant i\leqslant n} |x_i|$
- x 的 1-范数：$\|x\|_1 = \sum\limits_{i=1}^{n} |x_i|$
- x 的 2-范数（欧氏范数）：$\|x\|_2 = (x^{\mathrm{T}}x)^{\frac{1}{2}} = \left(\sum\limits_{i=1}^{n} x_i^2\right)^{\frac{1}{2}}$
- x 的 p-范数：$\|x\|_p = \left(\sum\limits_{i=1}^{n} |x_i|^p\right)^{\frac{1}{p}}$

对于矩阵 $A\in R^{m\times n}$，常用的矩阵范数有以下几种：

- A 的行范数（∞-范数）：$\|A\|_\infty = \max\limits_{1\leqslant i\leqslant m} \sum\limits_{j=1}^{n} |a_{ij}|$
- A 的列范数（1-范数）：$\|A\|_1 = \max\limits_{1\leqslant j\leqslant n} \sum\limits_{i=1}^{m} |a_{ij}|$
- A 的欧氏范数（2-范数）：$\|A\|_\infty = \sqrt{\lambda_{\max}(A^{\mathrm{T}}A)}$，其中 $\lambda_{\max}(A^{\mathrm{T}}A)$ 表示 $A^{\mathrm{T}}A$ 的最大特征值
- A 的 Forbenius 范数（F-范数）：$\|A\|_F = \left(\sum\limits_{i=1}^{m}\sum\limits_{j=1}^{n} a_{ij}^2\right)^{\frac{1}{2}} = \text{trace}\left(A^{\mathrm{T}}A\right)^{\frac{1}{2}}$

例 2-28：常用的矩阵函数示例。

解：MATLAB 程序如下：

```
>> A=[3 8 9; 0 3 3; 7 9 5];            %创建矩阵 A
>> norm(A)  %计算矩阵 A 的 2-范数或最大奇异值
ans =
   17.5341
>> normest(A)          %计算矩阵 A 的 2-范数估值
ans =
   17.5341
```

```
>> det(A)          %计算矩阵 A 的行列式值
ans =
   -57.0000
```

2.3.1.3 矩阵分解函数

（1）特征值分解

矩阵的特征值分解也调用函数 eig，还要在调用时做一些形式上的变化，函数调用格式如下：

[V，D]=eig（X）

这个函数格式的功能是得到矩阵 X 的特征值对角矩阵 D 以及列为相应特征值的特征向量矩阵 V，于是矩阵的特征值分解为 X × V=V × D。

例 2-29：矩阵的特征值分解示例。

解：MATLAB 程序如下：

```
>> A=[3 8 9; 0 3 3; 7 9 5];           %创建矩阵 A
>> [V, D]=eig(A)          %计算 A 的特征值，并返回特征值的对角矩阵 D 和右特征向量方阵 V
V =
   -0.6897   -0.5873    0.5909
   -0.1860   -0.3101   -0.6653
   -0.6998    0.7476    0.4563
D =
   14.2898         0         0
         0   -4.2323         0
         0         0    0.9425
```

（2）奇异值分解

矩阵的奇异值分解由函数 svd 实现，调用格式如下：

- s =svd（A） 以降序顺序返回矩阵 A 的奇异值。
- [U，S，V] =svd（A） 执行矩阵 A 的奇异值分解，A = U*S*V′。
- [U，S，V] =svd（A，'econ'） 为 m × n 矩阵 A 生成精简分解。
- [U，S，V] =svd（A，0） 为 m × n 矩阵 A 生成另一种精简分解，m> n 时等价于第 3 种调用格式；m≤n 时等价于第 2 种调用格式。

例 2-30：矩阵的奇异值分解示例。

解：MATLAB 程序如下：

```
>> A=[3 8 9; 0 3 3; 7 9 5];           %创建矩阵 A
>> [U, S, V]=svd(A)       %执行奇异值分解
```

```
U =                  %左奇异向量
   -0.6918   -0.5976   -0.4054
   -0.2216   -0.3586    0.9068
   -0.6873    0.7171    0.1156
S =                  %奇异值对角矩阵
   17.5341         0         0
         0    4.3589         0
         0         0    0.7458
V =          %右奇异向量
   -0.3927    0.7404   -0.5456
   -0.7063    0.1371    0.6945
   -0.5890   -0.6581   -0.4691
```

2.3.1.4 稀疏矩阵运算

在 MATLAB 中，一般矩阵的运算和函数同样可用在稀疏矩阵中，结果是一般矩阵、稀疏矩阵还是满秩矩阵，取决于运算符或者函数及下列的操作数：

① 当函数用一个矩阵作为输入参数，输出参数为一个标量或者一个给定大小的向量时，输出参数的格式总是返回一个满秩矩阵，如命令 size。

② 当函数用一个标量或者一个向量作为输入参数，输出参数为一个矩阵时，输出参数的格式也总是返回一个满秩矩阵，如命令 eye。还有一些特殊的命令可以得到稀疏矩阵，如命令 speye。

③ 对于单参数的其他函数来说，通常返回的结果和参数的形式是一样的，如 diag。

④ 对于双参数的运算或者函数来说，如果两个参数的形式一样，那么也返回同样形式的结果。在两个参数形式不一样的情况下，除非运算需要，否则均以一般矩阵的形式给出结果。

⑤ 两个矩阵的组合[A，B]，如果 A 或 B 中至少有一个是满秩矩阵，则得到的结果就是满秩矩阵。

⑥ 表达式右边的冒号是要求一个参数的运算符，遵守这些运算规则。

⑦ 表达式左边的冒号不改变矩阵的形式。

例 2-31：稀疏矩阵的运算示例。

解：MATLAB 程序如下：

```
>> A=eye(6);             %创建 6 阶单位矩阵 A
>> B=sparse(A)           %将 A 转换为稀疏矩阵 B
B =
 (1,1)        1
 (2,2)        1
 (3,3)        1
```

```
  (4, 4)        1
  (5, 5)        1
  (6, 6)        1
>> C=A+B        %矩阵相加
C =
     2     0     0     0     0     0
     0     2     0     0     0     0
     0     0     2     0     0     0
     0     0     0     2     0     0
     0     0     0     0     2     0
     0     0     0     0     0     2
```

2.3.2 向量运算

向量可以看成是一种特殊的矩阵，因此矩阵的运算对向量同样适用。除此以外，向量还是矢量运算的基础，所以还有一些特殊的运算，主要包括向量的点积、叉积和混合积。

（1）向量的点积运算

在 MATLAB 中，对于向量 a、b，其点积可以利用 a'*b 得到，也可以直接用命令 dot 算出，该命令的调用格式见表 2-19。

表 2-19 dot 调用格式

调用格式	说明
dot（a，b）	返回向量 a 和 b 的点积。需要说明的是，a 和 b 必须同维。另外，当 a、b 都是列向量时，dot（a，b）等同于 a’ *b
dot（a，b，dim）	返回向量 a 和 b 在 dim 维的点积

例 2-32： 向量的点积运算示例。

解：MATLAB 程序如下：

```
>> a=[2 4 5 3 1];          %创建行向量 a 和 b
>> b=[3 8 10 12 13];
>> c=dot(a, b)          %计算向量 a 和 b 的点积
c =
   137
```

（2）向量的叉积运算

我们知道，在空间解析几何学中，两个向量叉乘的结果是一个过两相交向量交点且垂直于两向量所在平面的向量。在 MATLAB 中，向量的叉积运算可由函数 cross 来实现。cross 函

数调用格式见表 2-20。

表 2-20 cross 调用格式

调用格式	说明
cross（a，b）	返回向量 a 和 b 的叉积。需要说明的是，a 和 b 必须是三维的向量
cross（a，b，dim）	返回向量 a 和 b 在 dim 维的叉积。需要说明的是，a 和 b 必须有相同的维数，size（a，dim）和 size（b，dim）的结果必须为 3

例 2-33： 向量的叉积运算示例。

解：MATLAB 程序如下：

```
>> a=[2 3 4];                 %创建行向量 a 和 b
>> b=[3 4 6];
>> c=cross(a, b)              %计算向量 a 和 b 的叉积
c =
   2     0    -1
```

（3）向量的混合积运算

在 MATLAB 中，向量的混合积运算可由以上两个函数（dot、cross）共同来实现。

例 2-34： 向量的混合积运算示例。

解：MATLAB 程序如下：

```
>> a=[2 3 4];            %创建行向量 a、b、c
>> b=[3 4 6];
>> c=[1 4 5];
>> d=dot(a, cross(b, c))  %先计算向量 b 与 c 的叉积，再把叉积的结果与向
量 a 进行点积运算
d =
   -3
```

2.3.3 多项式运算

多项式运算是数学中最基本的运算之一。在高等代数中，多项式一般可表示为以下形式：$f(x)=a_0x^n+a_1x^{n-1}+\cdots+a_{n-1}x+a_n$。对于这种表示形式，很容易用它的系数向量来表示，即 $p=[a_0,a_1,\cdots,a_{n-1},a_n]$。在 MATLAB 中正是用这样的系数向量来表示多项式的。

（1）多项式的构造

由以上分析可知，多项式可以直接用向量表示，因此，构造多项式最简单的方法就是直接输入向量。这种方法通过函数 poly2sym 来实现。其调用格式如下：

① p= poly2sym（c）　根据系数向量 c 创建多项式。

② p= poly2sym（c，var）　根据系数向量 c 创建以 var 为变量的多项式。

其中，p 为多项式的系数向量。

例 2-35：　直接用向量构造多项式示例。

解：MATLAB 程序如下：

```
>> syms t        %创建符号变量 t
>> p=[1 -2 5 6];      %创建系数向量 p
>> poly2sym(p, t)         %根据系数向量 p 创建多项式，t 为多项式变量
ans =
t^3 - 2*t^2 + 5*t + 6
```

另外，也可以用多项式的根生成。这种方法使用 poly 函数生成系数向量，再调用 poly2 sym 函数生成多项式。

例 2-36：　由根构造多项式示例。

解：MATLAB 程序如下：

```
>> root=[-5 3+2i 3-2i];           %输入多项式的根向量
>> p=poly(root)       % 根据根向量生成系数向量 p
p =
     1    -1   -17    65
>> poly2sym(p)        %根据系数向量 p 创建多项式
ans =
x^3-x^2-17*x+65
```

（2）多项式运算

① 多项式四则运算　多项式四则运算是指多项式的加、减、乘、除运算。需要注意的是，相加、减的两个向量必须阶次相同。阶次不同时，低阶多项式必须用零填补，使其与高阶多项式有相同的阶次。多项式的加、减运算直接用“+”“-”来实现；多项式的乘法用函数 conv(p1，p2)来实现，相当于执行两个数组的卷积；多项式的除法用函数 deconv(p1，p2)来实现，相当于执行两个数组的解卷。

例 2-37：　多项式四则运算示例。

解：在 MATLAB 命令行窗口中输入以下命令：

```
>> p1=[2 3 4 0 -2];       %输入多项式的系数向量 p1 和 p2
>> p2=[0 0 8 -5 6];
>> p=p1+p2;               %系数向量相加
```

```
>> poly2sym(p)         %根据系数向量 p 创建多项式
ans =
2*x^4+3*x^3+12*x^2-5*x+4
>> q=conv(p1, p2)         %计算两个多项式系数向量的乘积
q =
     0     0    16    14    29    -2     8    10   -12
>> poly2sym(q)            %根据系数向量 q 创建多项式
ans =
16*x^6+14*x^5+29*x^4-2*x^3+8*x^2+10*x-12
```

② 多项式导数运算　多项式导数运算用函数 polyder 实现。其调用格式为：

a. polyder（p）　返回 p 中的系数表示的多项式的导数。

b. polyder（a，b）　返回多项式 a 和 b 的乘积的导数。

例 2-38：　多项式导数运算示例。

解：在 MATLAB 命令行窗口中输入以下命令：

```
>> p=[2 -3 12 -5 -2];              %输入多项式的系数向量 p
>> q=polyder(p)               % 求系数向量 p 表示的多项式的导数
q =
   8    -9    24    -5
>> poly2sym(q)            %根据系数向量 q 创建多项式
ans =
8*x^3 - 9*x^2 + 24*x - 5
```

③ 估值运算　多项式估值运算用函数 polyval 和 polyvalm 来实现，调用格式见表 2-21。

表 2-21　多项式估值函数

调用格式	说明
polyval（p，x）	计算多项式 p 在 x 的每个点处的值
polyval（p，x，S）	计算多项式 p 在 x 的每个点处的值，并使用 polyfit 生成的可选输出结构体 S 生成误差估计值
polyval（p，x，S，mu）	在上一种语法的基础上，使用 polyfit 生成的可选输出 mu 来中心化和缩放数据
polyvalm（p，X）	以矩阵方式返回多项式 p 的计算值。等同于使用多项式 p 替换矩阵 X

例 2-39：　求多项式 $f(x)=2x^5+5x^4+4x^2+x+4$ 在 x=2、5 处的值。

解：在 MATLAB 命令窗口中输入以下命令：

```
>> p1=[2 5 0 4 1 4];                  %输入多项式的系数向量 p1
>> h=polyval(p1, [2 5])               %计算多项式 p1 在取值点 2 和 5 处的值
```

```
h =
   166        9484
```

④ 求根运算 求根运算用函数 roots。

例 2-40：多项式求根运算示例。

解：MATLAB 程序如下：

```
>> p1=[2 5 -3 4 6 9];          %输入多项式的系数向量 p1
>> r=roots(p1)         %求系数向量 p1 表示的多项式的根
r =
  -3.1319 + 0.0000i
   0.8956 + 0.9584i
   0.8956 - 0.9584i
  -0.5796 + 0.7064i
  -0.5796 - 0.7064i
```

（3）多项式拟合

多项式拟合用函数 polyfit 实现。其调用格式见表 2-22。

表 2-22 polyfit 调用格式

调用格式	说明
p=polyfit（x，y，n）	表示用二乘法对已知数据 x、y 进行拟合，以求得 n 阶多项式系数向量
[p，s]=polyfit（x，y，n）	p 为拟合多项式系数向量，s 为拟合多项式系数向量的信息结构
[p，s，mu]=polyfit（x，y，n）	返回包含中心化值和缩放值的二元素向量 mu

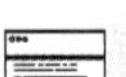

例 2-41：用 5 阶多项式对（0，π/2）上的正弦函数进行最小二乘拟合。

解：MATLAB 程序如下：

```
>> x=0:pi/20:pi/2;   %定义取值范围和取值点
>> y=sin(x);        %定义函数表达式
>> a=polyfit(x, y, 5); %对已知数据 x、y 进行拟合，返回次数为 5 的多项式的系数向量 a
>> y1=polyval(a, x); %计算多项式 a 在 x 的每个点处的值
>> plot(x, y, 'mo', x, y1, 'b--') %以洋红圆圈标记绘制函数曲线，以蓝色虚线绘制拟合曲线
```

结果如图 2-2 所示。

由图 2-2 可知，由多项式拟合生成的图形与原始曲线可很好地吻合，这说明多项式的拟合效果很好。

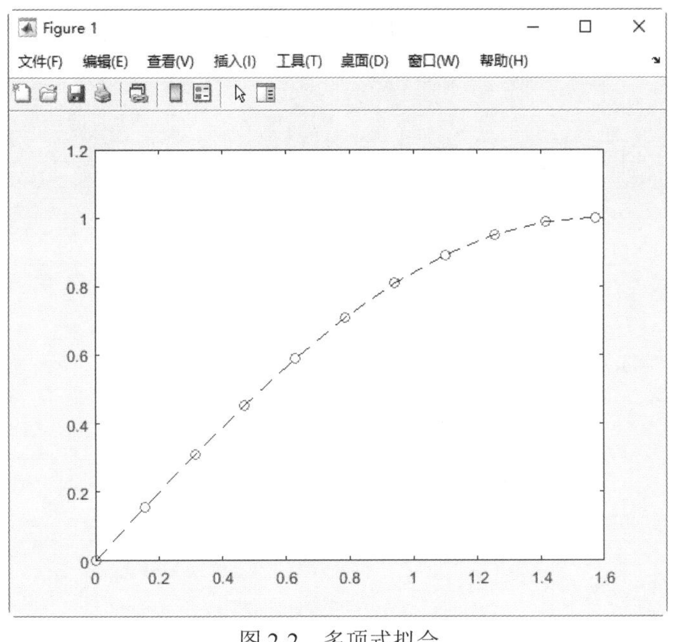

图 2-2　多项式拟合

2.4　符号运算

在数学、物理学及工程力学等各种学科和工程应用中还经常遇到符号运算的问题。符号运算是 MATLAB 数值计算的扩展，在运算过程中以符号表达式或符号矩阵为运算对象，对象是一个字符，数字也被当作字符来处理；符号运算允许用户获得任意精度的解，在计算过程中解是精确的，只有在最后转化为数值解时才会出现截断误差，能够保证计算精度；同时，符号运算可以把表达式转化为数值形式，也能把数值形式转化为符号表达式，实现了符号计算和数值计算的相互结合，使应用更灵活。MATLAB 的符号运算是通过集成在 MATLAB 中的符号数学工具箱（Symbolic Math Toolbox）来实现的。

2.4.1　符号表达式的生成

在 MATLAB 符号数学工具箱中，符号表达式是代表数字、函数和变量的 MATLAB 字符串或字符串数组，它不要求变量要有预先确定的值，不再使用单引号括起来的表达方式。MATLAB 在内部把符号表达式表示成字符串，以与数字相区别。符号表达式的创建可使用以下两种方法。

（1）用函数 sym 生成符号表达式

在 MATLAB 可以自己确定变量类型的情况下，可以不用 sym 函数显式地生成符号表达式。在某些情况下，特别是建立符号数组时，必须要用 sym 函数将字符串转换成符号表达式。

例 2-42： 生成符号函数示例。

解：MATLAB 程序如下：

```
>> h=@(x)sin(x);          % 创建函数句柄 h
>> f=sym(h)        %生成符号函数 f
f =
   sin(x)
```

例 2-43： 生成符号数组示例。

解：MATLAB 程序如下：

```
>> a = sym('a', [1 4])        %创建一个由自动生成的数据填充的 1×4 符号数组
a =
[ a1, a2, a3, a4]
>> a = sym('a', [2 4])        %创建一个由自动生成的数据填充的 2×4 符号数组
f =
[ a1_1,  a1_2,  a1_3,  a1_4]
[ a2_1,  a2_2,  a2_3,  a2_4]
```

（2）用函数 syms 来生成符号表达式

syms 函数只能用来生成符号函数，不能用来生成符号方程。

例 2-44： 生成符号函数示例。

解：MATLAB 程序如下：

```
>> syms x y              %定义符号变量 x 和 y
>> f=sin(x)+cos(y)    %定义符号函数

f =
cos(y)+ sin(x)
```

2.4.2 符号表达式的运算

在 MATLAB 工具箱中，符号表达式运算主要是通过符号函数进行的。所有的符号函数作用到符号表达式和符号数组，返回的仍是符号表达式或符号数组（即字符串）。可以运用 MATLAB 中的函数 isstr 来判断返回表达式是字符串还是数字，如果是字符串，isstr 返回 1，

否则返回 0。符号表达式的运算主要包括以下三种。

2.4.2.1 提取分子、分母

如果符号表达式是有理分数的形式，则可通过函数 numden 来提取符号表达式中的分子和分母。numden 可将符号表达式合并、有理化，并返回所得的分子和分母。numden 的调用格式见表 2-23。

表 2-23 numden 调用格式

调用格式	说明
[n，d]=numden（a）	提取符号表达式 a 的分子和分母，并将其存放在 n 和 d 中
n=numden（a）	提取符号表达式 a 的分子和分母，但只把分子存放在 n 中

例 2-45： 提取符号表达式分子和分母示例。

解： 在 MATLAB 命令行窗口中输入以下命令：

```
>> syms a x b      %定义符号变量 a、x 和 b
>> f=a*x^2+b*x/（a-x）;          %定义符号表达式
>> [n，d]=numden（f）%提取表达式的分子和分母
n =
x*（a^2*x-a*x^2+b）
d =
a-x
```

2.4.2.2 符号表达式的基本代数运算

符号表达式的加、减、乘、除、幂运算与一般的数值运算一样，分别用“+”“-”“*”“/”“^”进行运算。

例 2-46： 符号表达式的基本代数运算示例。

解： 在 MATLAB 命令行窗口中输入以下命令：

```
>> f=sym（'y'）;    %定义符号表达式
>> syms x;          %定义符号变量 x
>> g=x^2;           %输入符号表达式 g
>> f+g              %符号表达式相加
ans =
x^2 + y
>> f*g              %符号表达式相乘
ans =
x^2*y
```

```
>> f^g                %符号表达式的乘方运算
ans =
y^(x^2)
```

2.4.2.3 符号表达式的高级运算

符号表达式的高级运算主要是指符号表达式的反函数运算与求表达式的符号和。

（1）反函数运算

在 MATLB 中，符号表达式的反函数运算主要是通过函数 finverse 来实现的。finverse 函数的调用格式见表 2-24。

表 2-24 finverse 调用格式

调用格式	说明
g=finverse（f）	返回符号函数 f 的反函数，其中 f 是一个符号函数表达式，其变量为 x。求得反函数是一个满足 g（f（x））=x 的符号函数
g=finverse（f，v）	返回自变量为 v 的符号函数 f 的反函数，求反函数 g 是一个满足 g（f（v））=v 的符号函数。当 f 包含不止一个变量时，往往用这种反函数的调用格式

例 2-47： 反函数运算示例。

解： MATLAB 程序如下：

```
>> syms x y;          %定义符号变量 x 和 y
>> f=x^2+y;           %定义符号表达式 f
>> finverse(f，y)          %以 y 为自变量，求符号函数 f 的反函数
ans =
-x^2+y
>> finverse(f)         %以 x 为自变量，求符号函数 f 的反函数
ans =
(x - y)^(1/2)
```

（2）求表达式的符号和

在 MATLAB 中，求表达式的符号和主要通过函数 symsum 实现。symsum 函数的调用格式见表 2-25。

表 2-25 symsum 调用格式

调用格式	说明	调用格式	说明
symsum（s，v）	返回 $\sum_{0}^{x-1} s(v)$ 的结果	symsum（s，v，a，b）	返回 $\sum_{a}^{b} s(v)$ 的结果

例 2-48： 求表达式符号和的示例。

解： MATLAB 程序如下：

```
>> syms k      %创建符号变量 k
>> f=sym(k^2);    %创建符号表达式 f
>> symsum(f, k) %求表达式的符号和
ans =
k^3/3 - k^2/2 + k/6
```

2.4.3 符号与数值间的转换

（1）将符号表达式转换成数值表达式

将符号表达式转换成数值表达式主要通过函数 numeric 或 eval 实现。

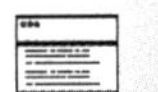

例 2-49： 用函数 eval 来生成 4 阶的希尔伯特（Hilbert）矩阵。

解：在 MATLAB 命令行窗口中输入以下命令：

```
>> n=4;            %为变量赋值
>> t='1/(i+j-1)';          %直接输入符号函数
>> a=zeros(n);          %创建 4 阶全零矩阵 a
>> for i=1:n        %依次为矩阵元素赋值
    for j=1:n
        a(i, j)=eval(t);              % 将 eval 换成 numeric 结果相同
    end
end
>> a        %输出矩阵 a
a=
1.0000   0.5000   0.3333   0.2500
0.5000   0.3333   0.2500   0.2000
0.3333   0.2500   0.2000   0.1667
0.2500   0.2000   0.1667   0.1429
```

（2）将数值表达式转换成符号表达式

将数值表达式转换成符号表达式主要通过函数 sym 实现。

例 2-50： 将数值表达式转换成符号表达式示例。

解：MATLAB 程序如下：

```
>> p=1.74;            %变量赋值
>> q=sym(p)         %将数值转换为符号
q =
```

```
87/50
```

另外，函数 poly2sym 实现将 MATLAB 等价系数向量转换成它的符号表达式。

例 2-51: poly2sym 函数使用示例。

解：在 MATLAB 命令行窗口中输入以下命令：

```
>> a=[1 3 4 5];         %创建多项式系数向量 a
>> p=poly2sym(a)        %将 a 表示的数值多项式转换为符号表达式
p =
x^3+3*x^2+4*x+5
```

2.4.4 符号矩阵

符号矩阵和符号向量中的元素都是符号表达式。

2.4.4.1 符号矩阵的生成

符号矩阵可通过函数 sym 或 syms 生成。符号矩阵中的元素是任何不带等号的符号表达式，各符号表达式的长度可以不同。符号矩阵中以空格或逗号分隔的元素指定的是不同列的元素，而以分号分隔的元素指定的是不同行的元素。生成符号矩阵有以下三种方法。

（1）直接输入

直接输入符号矩阵时，符号矩阵的每一行都要用方括号括起来，而且要保证同一列的各行元素字符串的长度相同，因此，在较短的字符串中要插入空格来补齐长度，否则程序将会报错。

（2）用 syms 函数创建符号矩阵

用这种方法创建符号矩阵，矩阵元素可以是任何不带等号的符号表达式，各矩阵元素之间用逗号或空格分隔，各行之间用分号分隔，各元素字符串的长度可以不相等。

（3）将数值矩阵转化为符号矩阵

在 MATLAB 中，数值矩阵不能直接参与符号运算，所以必须先转化为符号矩阵。

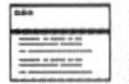

例 2-52: 创建符号矩阵示例。

解：MATLAB 程序如下：

```
>> sm=['[1/(a+b), x^3  , cos(x)]'; '[log(y), abs(x), c   ]']%直接输入符号矩阵
sm =
  2×3 char 数组
    '[1/(a+b), x^3  , cos(x)]'
```

```
    '[log(y) , abs(x), c   ]'
>> A=[sin(pi/3), cos(pi/4); log(3), tanh(6)]      %创建数值矩阵A
A =
    0.8660    0.7071
    1.0986    1.0000
>> B=sym(A)       %将数值矩阵A转换为符号矩阵
B =
[                   3^(1/2)/2,                     2^(1/2)/2]
[ 2473854946935173/2251799813685248,  2251772142782799/
2251799813685248]
```

2.4.4.2 符号矩阵的运算

（1）符号矩阵的基本运算

在MATLAB中，符号矩阵的运算非常方便，实际上，它与数值矩阵的四则运算几乎完全相同。符号矩阵的加、减、乘、除、幂运算可分别用“+”“-”“*”“/”“^”符号进行运算。符号矩阵“数组指数运算”由exp实现，而“矩阵指数运算”由函数expm来实现。

例 2-53：符号矩阵的基本运算示例。

解：MATLAB程序如下：

```
>> syms x       %定义符号变量x
>> a=[x 1; 2 sin(x)];        %创建符号矩阵a和b
>> b=[1/x x; 1/(x^2) x+1];
>> b-a      %符号矩阵相减
ans =
[  1/x - x,        x - 1]
[ 1/x^2 - 2, x - sin(x) + 1]
>> a*b      %符号矩阵相乘
ans =
[    1/x^2 + 1,          x^2 + x + 1]
[ sin(x)/x^2 + 2/x, 2*x + sin(x)*(x + 1)]
>> a/b      %符号矩阵右除运算
ans =
[        (x^4 + x^3 - 1)/x^2,      -(x^3 - 1)/x]
[ (2*x^2 - sin(x) + 2*x^3)/x^2, (sin(x) - 2*x^2)/x]
>> a\b      %符号矩阵左除运算
ans =
[(x*sin(x)-1)/(x^2*(x*sin(x) - 2)), -(x - x*sin(x)+1)/(x*sin
(x)-2)]
```

```
[      -1/(x*(x*sin(x)-2)),      -(- x^2+x)/(x*sin(x)-2)]
>> a^2    %符号矩阵的乘方运算
ans =
[       x^2+2,      x+sin(x)]
[  2*x+2*sin(x),    sin(x)^2+2]
>> exp(b)              %符号矩阵的指数运算
ans =
[  exp(1/x),      exp(x)]
[  exp(1/x^2),    exp(x+1)]
```

（2）符号矩阵的一些其他运算

① 符号矩阵的转置运算　符号矩阵的转置运算可以通过符号“‘”或函数 transpose 实现。

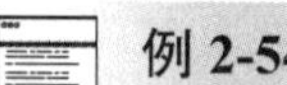

例 2-54：　求矩阵 a 的转置。

解：MATLAB 程序如下：

```
>>syms x                 %定义符号变量 x
>> a=[x 1; 2 sin(x)]    %创建符号矩阵 a
a =
[ x,     1]
[ 2,  sin(x)]
>> transpose(a)       %矩阵转置
ans =
[    x,       2]
[    1,    sin(x)]
```

② 符号矩阵的行列式运算　符号矩阵的行列式运算可以通过函数 determ 或 det 实现。

例 2-55：　求例 2-54 中矩阵 a 的行列式。

解：在 MATLAB 命令行窗口中输入以下命令：

```
>> det(a)     %求矩阵 a 的行列式
ans =
x*sin(x)-2
```

③ 符号矩阵的逆运算　符号矩阵的逆运算可以通过函数 inv 来实现。

例 2-56：　求矩阵 b 的逆矩阵。

解：在 MATLAB 命令行窗口中输入以下命令：

```
>> syms x      %定义符号变量 x
>> b=[1/x x; 1/(x^2) x+1]        %创建符号矩阵 b
```

```
b=
[1/x, x]
[1/x^2, x+1]
>>inv(b)        %求矩阵b的逆矩阵
ans=
[x+1, -x]
[-1/x^2, 1/x]
```

④ 符号矩阵的求秩运算　符号矩阵的求秩运算可以通过函数 rank 实现。

例 2-57： 求例 2-56 中矩阵 b 的秩。

解：MATLAB 程序如下：

```
>>rank(b) %求矩阵b的秩
ans=
    2
```

（3）符号矩阵的常用函数运算

① 符号矩阵的特征值、特征向量运算　在 MATLAB 中，符号矩阵的特征值、特征向量运算可以通过函数 eig、eigensys 实现。

例 2-58： 符号矩阵的特征值、特征向量运算示例。

解：在 MATLAB 命令行窗口中输入以下命令：

```
>>syms x         %定义符号变量x
>> a=[x 1; 2 sin(x)];        %创建符号矩阵a
>> [x y]=eig(a)         %计算特征值的对角矩阵y和右特征向量x
x =
[x/4-sin(x)/4-(sin(x)^2-2*x*sin(x)+ x^2+8)^(1/2)/4, x/4-sin
(x)/4 +(sin(x)^2-2*x*sin(x)+x^2+8)^(1/2)/4]
[1, 1]
y=
[x/2+sin(x)/2-(sin(x)^2-2*x*sin(x)+x^2+8)^(1/2)/2, 0]
[0, x/2+sin(x)/2+(sin(x)^2-2*x*sin(x)+x^2+8)^(1/2)/2]
```

② 符号矩阵的奇异值运算　符号矩阵的奇异值运算可以通过函数 svd、singavals 来实现。

例 2-59： 符号矩阵的奇异值运算示例。

解：MATLAB 程序如下：

```
>>syms t real          %定义符号变量t为复数的实数
```

```
>>a=[0 1; -1 0];      %定义矩阵
>>e=expm(t*a)        %计算表达式的矩阵指数，表达式的值应是数据类型为single或double的方阵
e=
[cos(t), sin(t)]
[-sin(t), cos(t)]
>> sigma=svd(e)      %以降序顺序返回矩阵e的奇异值
sigma =
(cos(t)^2+sin(t)^2)^(1/2)
(cos(t)^2+sin(t)^2)^(1/2)
```

③ 符号矩阵的若尔当（Jordan）标准型运算　符号矩阵的若尔当标准型运算可以通过函数 jordan 来实现。

例 2-60：　符号矩阵的若尔当标准型运算示例。

解：MATLAB 程序如下：

```
>> a=[2 4; 3 2];          %创建矩阵a
>> a=sym(a);           %将数值矩阵a转换为符号矩阵
>> [b, c]=jordan(a)       %对符号矩阵进行若尔当标准型运算
b =          %转换矩阵，其列是特征向量
[ -(2*3^(1/2))/3,(2*3^(1/2))/3]
[1, 1]
c =      %若尔当标准型，是特征值的对角矩阵
[2-2*3^(1/2), 0]
[0, 2*3^(1/2)+2]
```

2.4.4.3 符号矩阵的简化

符号工具箱中还提供了符号矩阵因式分解、展开、合并、简化及通分等符号操作函数。

（1）因式分解

符号矩阵因式分解通过函数 factor 实现，其调用格式如下：

factor（S）

输入变量 S 为一符号矩阵，此函数将因式分解此矩阵的各个元素。如果 S 包含的所有元素为整数，则计算最佳因式分解式。为了分解大于 2^{25} 的整数，可使用 factor（sym（'N'））。

例 2-61：　符号表达式分解示例。

解：MATLAB 程序如下：

```
>> syms x      %定义符号变量x
>> factor(x^9-1)          %对符号表达式进行因式分解
```

```
ans=
[x-1, x^2+x+1, x^6+x^3+1]    %质因数行向量
```

例 2-62：　大整数的分解示例。

解：MATLAB 程序如下：

```
>>factor(sym('12345678901234567890'))    %分解整数的质因数
ans=
[2, 3, 3, 5, 101, 3541, 3607, 3803, 27961]
```

（2）符号矩阵的展开

对符号矩阵的各元素的符号表达式进行展开可以通过函数 expand 来实现，其调用格式如下：

expand（S）

此函数经常用在多项式的表达式中，也常用在三角函数、指数函数、对数函数的展开中。

例 2-63：　符号多项式的展开示例。

解：在 MATLAB 命令行窗口中输入以下命令：

```
>> syms x y          %定义符号变量 x 和 y
>> expand((x+3)^4)        %展开多项式
ans =
x^4+12*x^3+54*x^2+108*x+81
>>expand(cos(x+y))        %展开三角函数
ans=
cos(x)*cos(y)-sin(x)*sin(y)
```

（3）符号简化

符号简化可以通过函数 simplify 来实现，见表 2-26。

表 2-26　符号简化

调用格式	说明
simplify（expr）	对符号表达式 expr 进行代数简化。如果 expr 是一个符号向量或矩阵，则简化其中的每一个元素
simplify（expr，Name，Value）	使用指定的名称-值对参数对符号表达式 expr 进行代数简化

例 2-64：　符号简化示例。

解：MATLAB 程序如下：

```
>> syms x      %定义符号变量 x
>> simplify(sin(x)^2+cos(x)^2)          %对符号表达式进行代数简化
ans =
1
```

（4）分式通分

求解符号表达式的分子和分母可以通过函数 numden 实现，其调用格式如下：

[n，d]=numden（A）

把 A 的各元素转换为分子和分母都是整系数的最佳多项式型。

例 2-65： 求解符号表达式的分子和分母示例。

解： MATLAB 程序如下：

```
>>syms x y    %定义符号变量 x 和 y
>>[n，d]=numden（x/y-y/x）       %对符号表达式进行通分
n=   %分子
x^2-y^2
d=    %分母
y*x
```

（5）符号表达式的“秦九韶型”重写

符号表达式的“秦九韶型”重写可以通过函数 horner（P）来实现，其调用格式如下：

horner（P）

将符号多项式转换成嵌入套形式表达式。

例 2-66： 符号表达式的“秦九韶型”重写示例。

解： MATLAB 程序如下：

```
>>syms x       %定义符号变量 x
>>horner（x^4-3*x^2+1）      %使用秦九韶算法简化多项式
ans=
x^2*（x^2-3）+1
```

2.5 M 文件

在实际应用中，直接在 MATLAB 的命令行窗口中输入简单的命令并不能够满足用户的所有需求，因此 MATLAB 提供了另一种强大的工作方式，即利用 M 文件编程。本节就主要介绍这种工作方式。

M 文件因其扩展名为“.m”而得名，它是一个标准的文本文件，因此可以在任何文本编辑器中进行编辑、存储、修改和读取。M 文件的语法类似于一般的高级语言，是一种程序化的编程语言，但它又比一般的高级语言简单，且程序容易调试、交互性强。MATLAB 在初次运行 M 文件时会将其代码装入内存，再次运行该文件时会直接从内存中取出代码运行，因此会大大加快程序的运行速度。

M 文件有两种形式：一种是命令文件（有的书中也叫脚本文件 Script）；另一种是函数文件（Function）。下面分别来了解一下这两种形式。

2.5.1 命令文件

在实际应用中，如果要输入较多的命令，且需要经常重复输入时，就可以利用 M 文件来实现。需要运行这些命令时，只需在命令行窗口中输入 M 文件的文件名即可，系统会自动逐行地运行 M 文件中的命令。命令文件中的语句可以直接访问 MATLAB 工作空间（Workspace）中的所有变量，且在运行过程中所产生的变量均是全局变量。这些变量一旦生成，就一直保存在内存中，用 clear 命令可以将它们清除。

M 文件可以在任何文本编辑器中进行编辑，MATLAB 也提供了相应的 M 文件编辑器，可以在工作空间的命令行窗口中输入 edit 进入 M 文件编辑器，也可直接在“主页”选项卡单击“新建脚本”按钮进入。

例 2-67： 编辑一个 M 文件，求 10!。

解： 进入 M 文件编辑器，输入下面内容：

```
% 以下命令用来求 10!            %对程序进行注释，在实际运行时并不执行
s=1;        %阶乘结果赋初值
for i=2:10                     % 开始 for 循环，计算 10!
   s=s*i;
end
disp('10 的阶乘为: ');         %输出一条文本信息
s       %输出阶乘结果
```

单击“编辑器”选项卡中的“保存”按钮，将所编辑的文件保存在工作目录下，并命名为 factorial_10.m，在命令行窗口中输入 factorial_10.m，按 Enter 键出现下面内容：

```
>> factorial_10
10 的阶乘为:
s =
   3628800
```

可以用 whos 来查看运行后内存中的变量，如下：

```
>> whos
  Name      Size            Bytes  Class     Attributes
  i         1x1                 8  double
  s         1x1                 8  double
>> clear        % 清除内存中的变量，之后再运行 whos 将什么也不显示
```

对于例 2-67，需要说明的是：M 文件中的符号“%”用来对程序进行注释，相当于 Basic

语言中的“\”或 C 语言中的“/*”和“*/”，在实际运行时并不执行。编辑完文件后，一定要将其存在当前工作路径下。

2.5.2 函数文件

函数文件的第一行一般都以 function 开始，它是函数文件的标志。函数文件是为了实现某种特定功能而编写的，例如 MATLAB 工具箱中的各种命令实际上都是函数文件，由此可见函数文件在实际应用中的作用。

函数文件与命令文件的主要区别在于：函数文件一般都要带有参数，都要有返回值（有一些函数文件不带参数和返回值），而且函数文件要定义函数名；命令文件一般不需要带参数和返回值（有的命令文件也带参数和返回值），且其中的变量在执行后仍会保存在内存中，直到被 clear 命令清除，而函数文件的变量仅在函数的运行期间有效，一旦函数运行完毕，其所定义的一切变量都会被系统自动清除。

例 2-68：编写一个求任意非负整数阶乘的函数，并用它来求例 2-67 中 10 的阶乘。

解：打开 M 文件编辑器，并输入下面内容：

```
function s=jiecheng(n)
% 此函数用来求非负整数 n 的阶乘
% 参数 n 可以为任意的非负整数
if n<0
%若用户将输入参数误写成负值，则报错
    error('输入参数不能为负值！');
    return;
else
     if n==0   %若 n 为 0，则其阶乘为 1
        s=1;
    else
        s=1;
        for i=1:n
            s=s*i;
        end
    end
end
```

将比函数文件保存并取名为 jiecheng（必须与函数名相同），然后在命令行窗口中求 10 的阶乘，操作如下：

```
>> s=jiecheng(10)
```

```
s =

   3628800
```

在编写函数文件时要养成写注释的习惯，这样可以使程序更加清晰，也可让别人看得明白，同时也对后面的维护起向导作用。利用 help 命令可以查到关于函数的一些注释信息，例如：

```
>> help jiecheng
  此函数用来求非负整数 n 的阶乘
  参数 n 可以为任意的非负整数
```

注意 ATTENTION 在应用这个命令时需要注意，它只能显示 M 文件注释语句中的第一个连续块，而与第一个连续块被空行或其他语句所隔离的注释语句将不会显示出来。lookfor 命令同样可以显示一些注释信息，不过它显示的只是文件的第一行注释，因此在编写 M 文件时，应养成在第一行注释中写入尽可能多的函数特征信息的习惯。

在编辑函数文件时，MATLAB 也允许对函数进行嵌套调用和递归调用。被调用的函数必须为已经存在的函数，包括 MATLAB 的内部函数以及用户自己编写的函数。下面分别来看一下两种调用格式。

（1）函数的嵌套调用

所谓函数的嵌套调用，即指一个函数文件可以调用任意其他函数，被调用的函数还可以继续调用其他函数，这样一来可以大大降低函数的复杂性。

例 2-69： 编写一个求$1+\frac{1}{2!}+\frac{1}{3!}+\cdots+\frac{1}{n!}$的函数，其中 n 由用户输入。

解：创建一个文件名为 sum_jiecheng 的函数文件：

```
function s=sum_jiecheng(n)
%此函数用来求 1+1/2!+…+1/n!的值
%参数 n 为任意非负整数
if n<0
%若用户将输入参数误写成负值，则报错
    disp('输入参数不能为负值！');
    return;
else
    s=0;
    for i=1:n
        s=s+1/jiecheng(i);        %调用求 n 的阶乘的函数 jiecheng
    end
end
```

在命令行窗口中求$1+\frac{1}{2!}+\frac{1}{3!}+\cdots+\frac{1}{10!}$的值：

```
>> s=sum_jiecheng(10)
s =
   1.7183
```

（2）函数的递归调用

所谓函数的递归调用，即指在调用一个函数的过程中直接或间接地调用函数本身。这种用法在解决很多实际问题时是非常有效的，但用不好的话，容易导致死循环。因此一定要掌握好如何使用跳出递归的语句，这需要读者平时多多练习并注意积累经验。

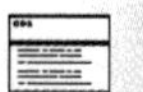

例 2-70： 利用函数的递归调用编写求阶乘的函数。

解：创建文件名为 factorial 的函数文件：

```
function s=factorial_1 (n)
%此函数利用递归来求阶乘
%参数 n 为任意非负整数
if n<0
%若用户将输入参数误写成负值，则报错
    disp('输入参数不能为负值！');
    return;
end
if n==0|n==1
    s=1;
else
    s=n* factorial_1 (n-1);      %对函数本身进行递归调用
end
```

利用这个函数求 10！如下：

```
>> s= factorial_1 (10)            %调用自定义函数
s =
   3628800
```

注意 ATTENTION **M 文件的文件名或 M 函数的函数名应尽量避免与 MATLAB 的内置函数和工具箱中的函数重名，否则可能会在程序执行中出现错误；M 函数的文件名必须与函数名一致。**

2.6 MATLAB 程序设计

本节着重讲 MATLAB 中的程序结构及相应的流程控制。在上一节中，我们已经强调了

M 文件的重要性，要想编好 M 文件，必须学好 MATLAB 程序设计。

2.6.1 程序结构

对于一般的程序设计语言来说，程序结构大致可分为顺序结构、循环结构与分支结构三种，MATLAB 程序设计语言也不例外。但是，MATLAB 语言要比其他程序设计语言好学得多，因为它的语法不像 C 语言那样复杂，并且具有强大的工具箱，使得它成为科研工作者及学生最易掌握的软件之一。下面将分别就上述三种程序结构进行介绍。

2.6.1.1 顺序结构

顺序结构是最简单、最易学的一种程序结构，它由多个 MATLAB 语句顺序构成，各语句之间用分号“;”隔开，若不加分号，则必须分行编写，程序执行时也是由上至下顺序进行的。下面来看一个顺序结构的例子。

例 2-71： 仔细阅读下面的程序（example2_71.m）并上机调试。

解： example2_71.m 的内容如下：

```
disp('这是一个顺序结构的例子');
disp('矩阵 A、B 分别为');
A=[1 2; 3 4];
B=[5 6; 7 8];
A, B
disp('A 与 B 的和为：');
C=A+B
```

运行结果为：

```
>> example2_71
这是一个顺序结构的例子
矩阵 A、B 分别为
A =
     1     2
     3     4
B =
     5     6
     7     8
A 与 B 的和为：
C =
     6     8
    10    12
```

2.6.1.2 循环结构

在利用 MATLAB 进行数值实验或工程计算时，用得最多的便是循环结构了。在循环结构中，被重复执行的语句组称为循环体。常用的循环结构有两种：for-end 循环与 while-end 循环。下面分别简要介绍相应的用法。

（1）for-end 循环

在 for-end 循环中，循环次数一般情况下是已知的，除非用其他语句提前终止循环。这种循环以 for 开头，以 end 结束，其一般形式为：

```
for  变量=表达式
     可执行语句 1
     ……
     可执行语句 n
end
```

其中，表达式通常为形如 m:s:n（s 的默认值为 1）的向量，即变量的取值从 m 开始，以间隔 s 递增一直到 n，变量每取一次值，循环便执行一次。事实上，这种循环在上一节就已经用到了，见例 2-67，下例是一个特别的 for-end 循环示例。

例 2-72： 上机调试下面的代码（example2_72.m）并观察该代码的作用。

解：example2_72.m 的内容如下：

```
A=[1 2 3; 4 5 6];          %创建矩阵 A
k=1;        %定义循环变量的初值
for i=A       %  i=A 是不参与循环的单次表达式，用来计算与 for 循环无关但先
                   于循环部分处理的一个表达式
   B(k, :)=i';        %将 A 的转置矩阵赋值给 B 的第 k 行
   k=k+1;
end
B                  %输出矩阵 B
```

运行结果为：

```
>> example2_72          %调用 M 文件
B =
[1, 4]
[2, 5]
[3, 6]
```

显然矩阵 B 是矩阵 A 的转置矩阵，也就是说例中代码实现的是对矩阵 A 的转置操作。

（2）while-end 循环

若我们不知道所需要的循环到底要执行多少次，那么就可以选择 while-end 循环，这种循环以 while 开头，以 end 结束，其一般形式为：

```
while  表达式
     可执行语句 1
```

……

可执行语句 n

end

其中，表达式即循环控制语句，它一般是由逻辑运算或关系运算及一般运算组成的表达式。若表达式的值非零，则执行一次循环，否则停止循环。这种循环方式在编写某一数值算法时用得非常多。一般来说，能用 for-end 循环实现的程序也能用 while-end 循环实现，见下例。

例 2-73： 利用 while-end 循环实现例 2-67 中的程序。

解：编写名为 example2_73 的 M 文件如下：

```
i=2;                    %循环变量赋初值
s=1;                    %计算结果赋初值
while i<==10
    s=s*i;
    i=i+1;          %循环变量递增，进入下一轮循环判断
end
disp（'10 的阶乘为：'）;
s
```

运行结果为：

```
>> example2_73          %调用 M 文件
10 的阶乘为：
s =
    3628800
```

2.6.1.3 分支结构

这种程序结构也叫选择结构，即根据表达式值的情况来选择执行哪些语句。在编写较复杂的算法的时候一般都会用到此结构。MATLAB 编程语言提供了三种分支结构：if-else-end 结构、switch-case-end 结构和 try-catch-end 结构。其中较常用的是前两种。下面我们分别来介绍这三种结构的用法。

（1）if-else-end 结构

这种结构也是复杂结构中最常用的一种分支结构，它有以下三种形式：

① if　　表达式

　　　　语句组

　end

说明：若表达式的值非零，则执行 if 与 end 之间的语句组，否则直接执行 end 后面的语句。

② if　表达式

　　　语句组 1

```
else
    语句组 2
end
```

说明：若表达式的值非零，则执行语句组 1，否则执行语句组 2。

```
③  if       表达式 1
            语句组 1
   elseif   表达式 2
            语句组 2
   elseif   表达式 3
            语句组 3
        ……
   else
            语句组 n
   end
```

说明：程序执行时先判断表达式 1 的值，若非零则执行语句组 1，然后执行 end 后面的语句，否则判断表达式 2 的值，若非零则执行语句组 2，然后执行 end 后面的语句，否则继续判断过程。如果所有的表达式都不成立，则执行 else 与 end 之间的语句组 *n*。

事实上，在上一节我们已经用过了第二种形式的分支结构，下面再来看一个例子。

例 2-74：编写一个求 $f(x)=\begin{cases}3x+2 & x<-1\\ x & -1\leqslant x\leqslant 1\\ 2x+3 & x>1\end{cases}$ 值的函数，并用它来求 $f(0)$ 的值。

解：编写 f.m 文件如下：

```
function y=f(x)
%此函数用来求分段函数 f(x)的值
%当 x<1 时，f(x)=3x+2;
%当-1<=x<=1 时，f(x)=x;
%当 x>1 时，f(x)=2x+3;
  if x<-1
    y=3*x+2;
elseif -1<=x & x<=1
    y=x;
else
    y=2*x+3;
end
```

求 $f(0)$ 如下：

```
>> y=f(0)            %调用自定义函数
y =
    0
```

（2）switch-case-end 结构

一般来说，这种分支结构也可以由 if-else-end 结构实现，但会使程序变得更加复杂且不易维护。switch-case-end 分支结构一目了然，而且更便于后期维护，这种结构的形式为：

```
switch    变量或表达式
case      常量表达式 1
          语句组 1
case      常量表达式 2
          语句组 2
……        ……
case      常量表达式 n
          语句组 n
otherwise
          语句组 n+1
end
```

其中，switch 后面可以是任何类型的变量或表达式，如变量或表达式的值与其后某个 case 后的常量表达式的值相等，就执行这个 case 和下一个 case 之间的语句组，否则就执行 otherwise 后面的语句组 $n+1$，执行完一个语句组程序便退出该分支结构执行 end 后面的语句。下面来看一个这种结构的例子。

例 2-75： 编写一个学生成绩评定函数，要求若该生考试成绩在 85～100，则评定为“优”；若在 70～84，则评定为“良”；若在 60～69，则评定为“及格”；若在 60 分以下，则评定为“不及格”。

解： 首先建立名为 grade_assess.m 的文件：

```
function grade_assess(Name, Score)
% 此函数用来评定学生的成绩
% Name, Score 为参数，需要用户输入
% Name 中的元素为学生姓名
% Score 中元素为学分数

% 统计学生人数
n=length(Name);

% 将分数区间划开：优(85~100)，良(70~84)，及格(60~69)，不及格(60 以下)
for i=0:15
    A_level{i+1}=85+i;
    if i<=14
        B_level{i+1}=70+i;
        if i<=9
            C_level{i+1}=60+i;
        end
```

```
    end
end

% 创建存储成绩等级的数组
Level=cell(1, n);

% 创建结构体 S
S=struct('Name', Name, 'Score', Score, 'Level', Level);

% 根据学生成绩，给出相应的等级
for i=1:n
    switch S(i).Score
        case A_level
            S(i).Level='优';        %分数在 85~100 为"优"
        case B_level
            S(i).Level='良';        %分数在 70~84 为"良"
        case C_level
            S(i).Level='及格';      %分数在 60~69 为"及格"
        otherwise
            S(i).Level='不及格';    %分数在 60 以下为"不及格"
    end
end

% 显示所有学生的成绩等级评定
disp(['学生姓名', blanks(4), '得分', blanks(4), '等级']);
for i=1:n
    disp([S(i).Name, blanks(8), num2str(S(i).Score), blanks(6),
S(i).Level]);
end
```

我们随便构造一个姓名名单以及相应的分数来看一下程序的运行结果：

```
>> Name={'赵一', '王二', '张三', '李四', '孙五', '钱六'};
>> Score={90, 46, 84, 71, 62, 100};
>> grade_assess(Name, Score)            %调用自定义函数
学生姓名    得分    等级
赵一        90      优
王二        46      不及格
张三        84      良
李四        71      良
孙五        62      及格
钱六        100     优
```

（3）try-catch-end 结构

有些 MATLAB 参考书中没有提到这种结构，因为上述两种分支结构足以处理实际中的各种情况了。但是这种结构在程序调试时很有用，因此这里简单介绍一下这种分支结构，它的一般形式为：

```
try
    语句组 1
catch
    语句组 2
end
```

在程序不出错的情况下，这种结构只有语句组 1 被执行；若程序出现错误，那么错误信息将被捕获，并存放在 lasterr 变量中，然后执行语句组 2，若在执行语句组的时候，程序又出现错误，那么程序将自动终止，除非相应的错误信息被另一个 try-catch-end 结构所捕获。下面来看一个例子。

例 2-76： 利用 try-catch-end 结构调试例 2-73 中的 M 文件。

解：建立 example2_76.m 文件如下：

```
% 该程序段用来检查 example2_73 中的程序是否有问题
try
    i=2;
    s=1;
    while i<=10
        s=s*i;
        i=i+1;
    end
    disp('10 的阶乘为：');
    S                                  %源程序这里是小写的 s，我们在这里改成大写
catch
    disp('程序有错误！')
    disp(' ');
    disp('错误为：');
    lasterr
end
```

运行结果为：

```
>> example2_76         %调用 M 文件
10 的阶乘为：
程序有错误！
错误为：
ans =
```

```
    '未定义函数或变量 'S'。'
```

从这个例子可以清楚地看到 try-catch-end 结构的运行顺序，先逐行运行 try 和 catch 之间的语句，当运行到第 8 行时出现错误，即' S' 没有定义，系统将这一错误信息捕获并将其保存到变量 lasterr 中，然后执行 catch 与 end 之间的程序行。

2.6.2 程序的流程控制

在利用 MATLAB 编程解决实际问题时，可能需要提前终止 for 与 while 等循环结构，有时可能需要显示必要的出错或警告信息、显示批处理文件的执行过程等，而这些特殊要求的实现就需要用到本节所讲的程序流程控制命令，如 break 命令、pause 命令、continue 命令、return 命令、echo 命令、warning 命令与 error 命令等。下面就介绍一下这些命令的用法。

（1）break 命令

该命令一般用来终止 for 或 while 循环，通常与 if 条件语句在一起用，如果条件满足则利用 break 命令将循环终止。在多层循环嵌套中，break 只终止最内层的循环。

例 2-77： break 命令应用举例。

解： 编写 xunhuan.m 文件如下：

```
% 此程序段用来演示 break 命令
s=1;
for i=1:100
    i=s+i;
    if i>50
        disp('i 已经大于 50，终止循环！');
        break;
    end
end
i
```

运行结果为：

```
>> xunhan       %调用 M 文件
i 已经大于 50，终止循环！
i =
    51
```

（2）pause 命令

该命令用来使程序暂停运行，然后根据用户的设定来选择何时继续运行。该命令大多数用在程序的调试中，其调用格式见表 2-27。

表 2-27　pause 命令调用格式

调用格式	说明
pause	暂停执行 M 文件，当用户按下任意键后继续执行；
pause（n）	暂停执行 M 文件，n 秒后继续
pause on	允许其后的暂停命令起作用
pause off	不允许其后的暂停命令起作用

例 2-78： pause 命令应用举例。

解：建立名为 factorial_2 的 M 文件如下：

```
% 此程序段用来演示 pause 命令
i=2;
s=1;
while i<=10
    s=s*i;
    if i==4
        s
        pause;
    end
    i=i+1;
end
s
```

可以看出这个程序主要是为了求 10 的阶乘，在 i=4 处设置了一个暂停命令，此时求得 4 的阶乘，显然应该为 24。若 s 的值为 24，说明程序没有问题，则用户按下任意键后程序继续运行，将得出 10 的阶乘的结果，具体运行结果为：

```
>> factorial_2          %调用 M 文件
s =
    24                  %结果和实际一样，说明程序没问题
```

此时按任意键，显示 10 的阶乘为：

```
s =
        3628800
```

（3）continue 命令

该命令通常用在 for 或 while 循环结构中，并与 if 一起使用，其作用是结束本次循环，即跳过其后的循环语句而直接进行下一次是否执行循环的判断。

例 2-79： continue 命令应用举例。

解：编写 jiechengxunhuan 如下：

```
% 此 M 文件用来说明 continue 的作用
```

```
s=1;
for i=1:4
    if i==4
        continue;       %若没有这条语句则该程序求的是 4!，加上就变成了求 3!
    end
    s=s*i;              %当 i=4 时该语句得不到执行
end
s                      %显示 s 的值，应当为 3!
i
```

运行结果为:

```
>> jiechengxunhuan         %调用 M 文件
s =
    6
i =
    4
```

（4）return 命令

该命令使正在运行的函数正常结束并返回到调用它的函数或命令窗口。

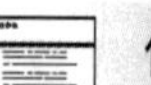

例 2-80: 编写一个求两矩阵之和的程序。

解: 编写 sumAB.m 文件如下:

```
function C=sumAB(A, B)
% 此函数用来求矩阵 A、B 之和
[m1, n1]=size(A);
[m2, n2]=size(B);
%若 A、B 中有一个为空矩阵或两者维数不一致则返回空矩阵，并给出警告信息
if isempty(A)
    warning('A 为空矩阵! ');
    C=[];
    return;
elseif isempty(B)
    warning('B 为空矩阵! ');
    C=[];
    return;
elseif m1~=m2|n1~=n2
    warning('两个矩阵维数不一致! ');
    C=[];
    return;
else
    for i=1:m1
```

```
        for j=1:n1
            C(i,j)=A(i,j)+B(i,j);
        end
    end
end
```

选取两个矩阵 A、B，运行结果为：

```
>> A=[];          %定义矩阵 A 和 B
>> B=[3 4];
>> C=sumAB(A,B)           %使用自定义函数求两矩阵之和
警告：A 为空矩阵！
> In sumAB (line 7)
C =
     []
```

（5）echo 命令

该命令用来控制 M 文件在执行过程中显示与否，它通常用在对程序的调试与演示中，echo 命令调用格式见表 2-28。

表 2-28 echo 命令调用格式

调用格式	说明	调用格式	说明
echo on	显示 M 文件执行过程	echo FileName off	关闭名为 FileName 的函数文件的执行过程
echo off	不显示 M 文件执行过程	echo FileName	在上面两个命令间切换
echo	在上面两个命令间切换	echo on all	显示所有函数文件的执行过程
echo FileName on	显示名为 FileName 的函数文件的执行过程	echo off all	关闭所有函数文件的执行过程

注意 ATTENTION **上面命令中涉及的函数文件必须是当前内存中的函数文件，对于那些不在内存中的函数文件，上述命令将不起作用。实际操作时可以利用 inmem 命令来查看当前内存中有哪些函数文件。**

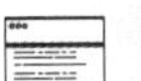 **例 2-81：** inmem 命令应用举例，显示例 2-80 函数的执行过程。

解：MATLAB 程序如下：

```
  >> inmem          %查看当前内存中的函数
ans =
    {'matlabrc' }
    {'hgrc'     }
    {'sumAB'    } %发现有上例中的函数文件，若没有发现则运行一次 sumAB 函数即可
```

```
    {'imformats }
>> echo sum AB on
>> A=[];        %定义矩阵 A 和 B
>> B=[3 4];
>> C=sumAB(A, B)
% 此函数用来求矩阵 A、B 之和
[m1, n1]=size(A);
[m2, n2]=size(B);
%若 A、B 中有一个为空矩阵或两者维数不一致则返回空矩阵，并给出警告信息
if isempty(A)
   warning('A 为空矩阵! ');
警告：A 为空矩阵!
> In sumAB (line 7)
C=
    []
```

（6）warning 命令

该命令用于在程序运行时给出必要的警告信息，这是非常有必要的。在实际中，因为一些人为因素或其他不可预知的因素可能会使某些数据输入有误，如果编程者在编程时能够考虑到这些因素，并设置相应的警告信息，那么就可以大大降低由数据输入有误而导致程序运行失败的可能性。

warning 命令调用格式见表 2-29。

表 2-29 warning 命令调用格式

调用格式	说明
warning（message）	显示指定的警告信息文本“message”
warning（message，a1，a2，…）	显示警告信息“message”，其中“message”包含转义字符，且每个转义字符的值将被转化为 a1，a2，…的值
warning（state）	启用、禁用或显示所有警告的状态
warning（state，msgID）	处理指定警告的状态
warning	显示所有警告的状态
warning（warnStruct）	按照结构体数组 warnStruct 中的说明设置当前警告
warning（state，mode）	控制是否显示堆栈跟踪或有关警告的其他信息

事实上，这个命令在例 2-80 中已经用到了，下面再举一个含有转义字符的例子。

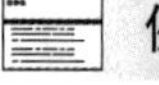

例 2-82： warning 命令应用举例：编写一个求 $y=\log_3 x$ 的函数。

解： 编写名为 log_3 的函数文件如下：

```
function y=log_3(x)
% 该函数用来求以 3 为底的 x 的对数
```

```
a1='负数';
a2=0;
if x<0
    y=[];
    warning('x的值不能为%s! ', a1);
    return;
elseif x==0
    y=[];
    warning('x的值不能为%d! ', a2);
    return;
else
    y=log(x)\log(3);
end
```

函数的运行结果如下：

```
>> y=log_3(-1)        %调用自定义函数
警告：x的值不能为负数!
> In log_3 (line 7)
y =
    []
>>  y=log_3(0)
警告：x的值不能为0!
> In log_3 (line 11)
y =
    []
>>  y=log_3(4)
y =
    0.7925
```

（7）error 命令

该命令用来显示错误信息，同时返回键盘控制。它的调用格式见表 2-30。

表 2-30　error 命令调用格式

调用格式	说明
error（message）	终止程序并显示错误信息“message”
error（message，a1，a2，…）	终止程序并显示错误信息“message”，其中“message”包含转义字符，且每个转义字符的值将被转化为 a1，a2，…的值
error（msgID，…）	抛出指定错误标识符中的异常，并显示信息
error（errorStruct）	使用标量结构体中的字段抛出错误
error（correction，…）	为异常提供修复建议

这个命令的用法与 warning 命令非常相似，读者可以试着将例 2-82 中函数中的“warning”改为“error”，并运行对比一下两者的不同。

初学者可能会对 break、continue、return、warning、error 几个命令产生混淆，为此，表 2-31

中列举了它们各自的特点来帮助读者理解它们的区别。

表 2-31　五种命令的区别

命令	特点
break	执行此命令后，程序立即退出最内层的循环，进入外层循环
continue	执行此命令后，程序立即进入一次循环而不执行其中的语句
return	该命令可用在任意位置，执行后立即返回调用函数或命令行窗口
warning	该命令可用在任意位置，但不影响程序的正常运行
error	该命令可用在任意位置，执行后立即终止程序的运行

2.6.3　交互式输入

在利用 MATLAB 编写程序时，我们可以通过交互的方式来协调程序的运行。常用的交互命令有 input 命令、keyboard 命令以及 menu 命令等。下面介绍一下它们的用法及作用。

（1）input 命令

该命令用来提示用户从键盘输入数值、字符串或表达式，并将相应的值赋给指定的变量。它的使用格式见表 2-32。

表 2-32　input 命令调用格式

调用格式	说明
s=input（text）	在屏幕上显示 text 中的提示信息，待用户输入信息后，将相应的值赋给变量 s，若无输入则返回空矩阵
s=input（text，'s'）	在屏幕上显示 text 中的提示信息，并将用户的输入信息以字符串的形式赋给变量 s，若无输入则返回空矩阵

例 2-83：　input 命令应用举例：求两个数或矩阵之和。

解：编写没有输入参数的函数 sum_ab.m 如下：

```
function c=sum_ab
% 此函数用来求两个数或矩阵之和
a=input('请输入 a\n');
b=input('请输入 b\n');
[ma, na]=size(a);
[mb, nb]=size(b);
if ma~=mb|na~=nb
    error('a 与 b 维数不一致！');
else
    c=a+b;
end
```

运行结果如下：

```
>> c=sum_ab          %调用自定义函数
请输入 a
[4 5; 3 4]           %用户输入
请输入 b
[1 2; 2 3]           %用户输入
c =
     5     7
     5     7
```

小技巧 在提示信息中可以出现一个或若干个“\n”，表示在输入的提示信息后有一个或若干个换行。若想在提示信息中出现“\”，输入“\\”即可。

（2）keyboard 命令

该命令是一个键盘调用命令，当 M 文件运行时碰到该命令后，该文件将停止执行并将“控制权”交给键盘，产生一个以 K 开头的提示符（K>>），用户可以通过键盘输入各种 MATLAB 的合法命令。只有当输入 dbcont 命令时，程序才将“控制权”交给原 M 文件。

例 2-84： keyboard 命令应用举例。

解：MATLAB 程序如下：

```
>> a=[2 3]        %创建矩阵
a =
     2     3
>> keyboard            %暂停正在运行的程序，将控制权交给键盘
K>> a=[3 4];           %在调试模式下修改 a
K>> dbcont        %恢复执行 MATLAB 代码文件
>> a              %查看 a 的值是否被修改
a =
     3     4
```

（3）menu 命令

该命令用来产生一个菜单供用户选择，它的使用格式为：

k=menu（'mtitle'，'opt1'，'opt2'，…，'optn'）

产生一个标题为“mtitle”的菜单，菜单选项为“opt1”~“optn”。若用户选择第 i 个选项“opti”，则 k 的值取 1。

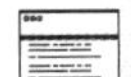

例 2-85： menu 命令应用举例。

解：编写名为 example2_85 的 M 文件如下：

```
% 该例用来学习 menu 命令的用法
k=menu('中国球员姚明所在的 NBA 球队是：','湖人队','火箭队','太阳队','
```

```
热火队');
    while k~=2
        disp('很遗憾您答错了!再给你一次机会!');
        k=menu('中国球员姚明所在的NBA球队是:','湖人队','火箭队','太阳队','热火队');
    end
    if k==2
        disp('恭喜您答对了!');
    end
```

程序的运行结果为：

```
>> example2_85  %  此时会在屏幕的左上角出现图2-3所示的菜单窗口
很遗憾您答错了!再给你一次机会!  % 若用户选的不是火箭队
恭喜您答对了!                    % 选的是火箭队
```

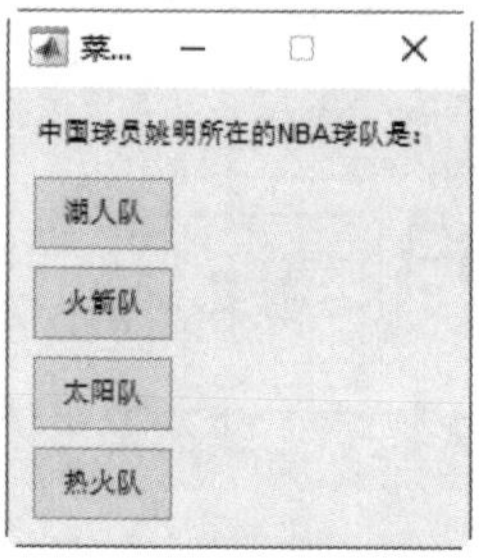

图 2-3 “菜单”窗口

2.6.4 程序调试

如果 MATLAB 程序出现运行错误或者输入结果与预期结果不一致，那么就需要对所编的程序进行调试。最常用的调试方式有两种：一种是根据程序运行时系统给出的错误信息或警告信息进行相应的调试；另一种是通过用户设置断点来对程序进行调试。

根据系统提示来调试程序是最容易的，假如我们要调试下面的 M 文件：

```
% M文件名为test.m，功能为求A*B以及C+D
A=[1 2 4; 3 4 6];
B=[1 2; 3 4];
E=A*B;
C=[4 5 6 7; 3 4 5 1];
D=[1 2 3 4; 6 7 8 9];
F=C+D;
当在MATLAB命令行窗口运行该M文件时，系统会给出如下提示：
>> test
错误使用  *
用于矩阵乘法的维度不正确。请检查并确保第一个矩阵中的列数与第二个矩阵中的行数匹配。要执行按元素相乘，请使用'.*'。
出错 test (line 4)
E=A*B;
```

通过上面的提示我们知道所写程序的第 4 行有错误，且错误为两个矩阵相乘时不符合维数要求，这时，只需将 A 改为 A’ 即可。若程序在运行时没有出现警告或错误提示，但输出结果与我们所预期的相差甚远，这时就需要用设置断点的方式来调试了。所谓的断点即指用来临时中断 M 文件执行的一个标志，通过中断程序运行，我们可以观察一些变量在程序运行到断点时的值，并与所预期的值进行比较，以此来找出程序的错误。

（1）设置断点

设置断点有三种方法：最简单的方法是在 M 文件编辑器中，将光标放在某一行，然后按 F12 键，便在这一行设置了一个断点；第二种方法是利用“编辑器”选项卡中用来调试的“断点”菜单命令，单击该命令按钮，在下拉菜单中会有“设置/清除”选项，单击该选项便会在光标所在行设置一个断点；第三种方法是利用设置断点的 dbstop 命令，它常用的调用格式见表 2-33。

表 2-33　dbstop 命令调用格式

调用格式	说明
dbstop in mfile at location	在 M 文件的指定位置设置断点
dbstop in mfile	在 M 文件中第一个可执行处设置断点
dbstop in mfile if expression	在文件的第一个可执行代码行位置条件断点
dbstop in mfile at location if expression	在 M 文件指定位置设置条件断点
dbstop if condition	在满足指定的条件（如 error、naninf、infnan、warning）的行位置处暂停执行
dbstop（b）	恢复之前保存到 b 的断点

（2）清除断点

与设置断点一样，清除断点同样有三种实现方法：最简单的就是将光标放在断点所在行，然后按 F12 键便可清除断点；第二种方法是利用“断点”菜单下拉菜单中的“设置/清除”选项；第三种方法是利用 dbclear 命令清除断点，它常用的调用格式见表 2-34。

表 2-34　dbclear 命令调用格式

调用格式	说明
dbclear in mfile at location	清除 M 文件指定位置的断点
dbclear in mfile	清除 M 文件中第一个可执行处的断点
dbclear all	清除所有 M 文件的所有断点
dbclear if condition	清除使用指定的条件设置的所有断点

（3）列出全部断点

在调试 M 文件（尤其是一些大的程序）时，有时需要列出用户所设置的全部断点，这可以通过 dbstatus 命令来实现，它常用的调用格式见表 2-35。

表 2-35　dbstatus 命令调用格式

调用格式	说明
dbstatus	列出包括错误、警告以及 naninf 在内的所有断点
dbstatus mfile	列出 M 文件中的所有断点
dbstatus-completenames	为每个断点显示包含该断点的函数或文件的完全限定名称
dbstatus mfile-completenames	为指定文件中的每个断点显示包含该断点的函数或文件的完全限定名称
b=dbstatus（…）	以结构体形式返回断点信息

（4）从断点处执行程序

若调试中发现当前断点以前的程序没有任何错误，那么就需要从当前断点处继续执行该文件。dbstep 命令可以实现这种操作，它常用的调用格式见表 2-36。

表 2-36 dbstep 命令调用格式

调用格式	说明
dbstep	执行当前 M 文件断点处的下一行
dbstep in	执行当前 M 文件断点处的下一行，若该行包含对另一个 M 文件的调用，则从被调用的 M 文件的第一个可执行行继续执行；若没有调用其他 M 文件，则其功能与 dbstep 相同
dbstep out	将运行当前函数的其余代码并在退出函数后立即暂停
dbstep nlines	执行指定的可执行代码行数，在遇到的任何断点处暂停执行

dbcont 命令也可实现此功能，它可以执行所有行程序直至遇到下一个断点或到达 M 文件的末尾。

（5）断点的调用关系

在调试程序时，MATLAB 还提供了查看导致断点产生的调用函数的名称及具体行号的命令，即 dbstack 命令，它常用的使用格式见表 2-37。

表 2-37 dbstack 命令调用格式

调用格式	说明
dbstack	显示导致当前断点产生的调用函数的名称及行号，并按它们的执行次序将其列出
dbstack（n）	在显示中省略前 n 个堆栈帧
dbstack（…，'-completenames'）	输出堆栈中每个函数的完全限定名称
ST=dbstack（…）	以结构体形式返回堆栈跟踪信息
[ST，I]=dbstack	使用结构体 ST 来返回调用信息，并用 I 来返回当前的工作区索引

（6）进入与退出调试模式

在设置好断点后，按 F5 键便进入调试模式。在调试模式下提示符变为“K>>”，此时可以访问函数的局部变量，但不能访问 MATLAB 工作区中的变量。当程序出现错误时，系统会自动退出调试模式，若要强行退出调试模式，则需要输入 dbquit 命令。

下面来看一个具体的例子。

 **例 2-86：** 利用前面所讲的知识调试前面的 test.m 文件。

解： 利用前面所讲的三种方法之一在第 3 行设置断点，此时第 3 行将出现一个红点（如下）作为断点标志，按 F5 键进入调试模式。

```
3 ●  B=[1 2:3 4];                       %设置断点后的第 3 行
3 ●⇨ B=[1 2:3 4];                       %按 F5 后第 3 行出现一个绿色箭头
K>> dbstep                               %继续执行下一行
4   E=A*B;
K>> dbstop 5                             %在第 5 行设置断点
K>> dbcont                               %继续执行到下一个断点
错误使用  *
```

```
用于矩阵乘法的维度不正确。请检查并确保第一个矩阵中的列数与第二个矩阵中的行数匹配。要执行按元素相乘，请使用'.* '。
出错 test (line 4)
E=A*B;
>>                                    %系统自动返回 MATLAB 命令行窗口
```

2.7 图形窗口

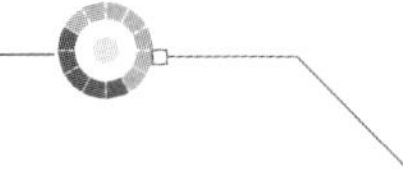

MATLAB 不但擅长与矩阵相关的数值运算，同时还具有强大的图形功能，这是其他用于科学计算的编程语言所无法比拟的。利用 MATLAB 可以很方便地实现大量数据计算结果的可视化，而且可以很方便地修改和编辑图形界面。

图形窗口是 MATLAB 数据可视化的平台，这个窗口和命令行窗口是相互独立的。如果能熟练掌握图形窗口的各种操作，读者便可以根据自己的需要来获得各种高质量的图形。

2.7.1 图形窗口的创建

在 MATLAB 的命令行窗口输入绘图命令（如 plot 命令）时，系统会自动建立一个图形窗口。有时，在输入绘图命令之前已经有图形窗口打开，这时绘图命令会自动将图形输出到当前窗口。当前窗口通常是最后一个使用的图形窗口，这个窗口的图形也将被覆盖掉，而用户往往不希望这样。学完本节内容，读者便能轻松解决这个问题。

在 MATLAB 中，使用函数 figure（命令）来建立图形窗口。该函数主要有以下几种用法：

- figure　创建一个图形窗口。
- figure（n）　创建一个编号为 Figure（n）的图形窗口，其中 n 是一个正整数，表示图形窗口的句柄。
- figure（'PropertyName'，PropertyValue，…）　对指定的属性 PropertyName，用指定的属性值 PropertyValue（属性名与属性值成对出现）创建一个新的图形窗口；对于那些没有指定的属性，则用默认值属性名与有效的属性值见表 2-38。

表 2-38　figure 函数的属性

属性名	说明	有效的属性值	默认值
Position	图形窗口的位置与大小	四维向量[left，bottom，width，height]	取决于显示
Units	用于解释属性 Position 的单位	inches（英寸） centimeters（厘米） normalized（标准化单位认为窗口长宽是 1） points（点） pixels（像素） characters（字符）	pixels

续表

属性名	说明	有效的属性值	默认值
Color	窗口的背景颜色	ColorSpec（有效的颜色参数）	取决于颜色表
Menubar	转换图形窗口菜单条的“开”与“关”	none、figure	figure
Name	显示图形窗口的标题	任意字符串	”（空字符串）
NumberTitle	标题栏中是否显示’Figure No. n’，其中 n 为图形窗口的编号	on、off	on
Resize	指定图形窗口是否可以通过鼠标改变大小	on、off	on
SelectionHighlight	当图形窗口被选中时，是否突出显示	on、off	on
Visible	确定图形窗口是否可见	on、off	on
WindowStyle	指定窗口是标准窗口还是典型窗口	normal（标准窗口）、modal（典型窗口）	normal
Colormap	图形窗口的色图	m×3 的 RGB 颜色矩阵	jet 色图
Dithermap	用于真颜色数据以伪颜色显示的色图	m×3 的 RGB 颜色矩阵	有所有颜色的色图
DithermapMode	是否使用系统生成的抖动色图	auto、manual	manual
FixedColors	不是从色图中获得的颜色	m×3 的 RGB 颜色矩阵	无（只读模式）
MinColormap	系统颜色表中能使用的最少颜色数	任一标量	64
ShareColors	允许 MATLAB 共享系统颜色表中的颜色	on、off	on
Alphamap	图形窗口的 α 色图，用于设定透明度	m 维向量，每一分量在[0，1]之间	64 维向量
BackingStore	打开或关闭屏幕像素缓冲区	on、off	on
DoubleBuffer	对于简单的动画渲染是否使用快速缓冲	on、off	off
Renderer	用于屏幕和图片的渲染模式	painters、zbuffer、OpenGL	系统自动选择
Children	显示于图形窗口中的任意对象句柄	句柄向量	[]
FileName	guide 命令使用的文件名	字符串	无
Parent	图形窗口的父对象：根屏幕	总是 0（即根屏幕）	0
Selected	是否显示图形窗口的“选中”状态	on、off	on
Tag	用户指定的图形窗口标签	任意字符串	”（空字符串）
Type	图形对象的类型（只读类型）	'figure'	'figure'
UserData	用户指定的数据	任一矩阵	[]（空矩阵）
RendererMode	默认的或用户指定的渲染程序	auto、manual	auto
CurrentAxes	在图形窗口中当前坐标轴的句柄	坐标轴句柄	[]
CurrentCharacter	在图形窗口中最后一个输入的字符	单个字符	无
CurrentObject	图形窗口中当前对象的句柄	图形对象句柄	[]
CurrentPoint	图形窗口中最后单击的按钮的位置	二维向量[x-coord，y-coord]	[0 0]
SelectionType	鼠标选取类型	normal、extended、alt、open	Normal
BusyAction	指定如何处理中断调用程序	cancel、queue	queue
ButtonDownFcn	当在窗口中空闲处按下鼠标左键时执行的回调程序	字符串	”（空字符串）
CloseRequestFcn	当执行命令关闭时定义一回调程序	字符串	'closereq'
CreateFcn	当打开一图形窗口时定义一回调程序	字符串	”（空字符串）
DeleteFcn	当删除一图形窗口时定义一回调程序	字符串	”（空字符串）
Interruptible	定义一回调程序是否可中断	on、off	on（可以中断）
KeyPressFcn	当在图形窗口中按下时定义一回调程序	字符串	”（空字符串）
ResizeFcn	当图形窗口改变大小时，定义一回调程序	字符串	”（空字符串）
UIContextMenu	定义与图形窗口相关的菜单	属性 UIContrextMenu 的句柄	无

续表

属性名	说明	有效的属性值	默认值
WindowButtonDownFcn	当在图形窗口中按下鼠标时定义一回调程序	字符串	''（空字符串）
WindowButtonMotionFcn	当将鼠标移进图形窗口中时定义一回调程序	字符串	''（空字符串）
WindowButtonUpFcn	当在图形窗口中松开按钮时定义一回调程序	字符串	''（空字符串）
IntegerHandle	指定使用整数或非整数图形句柄	on、off	on（整数句柄）
HandleVisiblity	指定图形窗口句柄是否可见	on、callback、off	on
HitTest	定义图形窗口是否能变成当前对象（参见图形窗口属性 CurrentObject）	on、off	on
NextPlot	在图形窗口中定义如何显示另外的图形	replacechildren、add、replace	add
Pointer	选取鼠标记号	crosshair、arrow、topr、watch、topl、botl、botr、circle、cross、fleur、left、right、top、fullcrosshair、bottom、ibeam、custom	arrow
PointerShapeCData	定义鼠标外形的数据	16×16 矩阵	将鼠标设置为'custom'且可见
PointerShape HotSpot	设置鼠标活跃的点	二维向量[row，column]	[1，1]

• f =figure（…）　返回 Figure 对象。

• figure（f）　将 f 指定的图形窗口作为当前图形窗口，并将其显示在其他所有图形窗口之上。

MATLAB 提供了查阅上表中属性和属性值的函数 set 和 get，它们的使用格式为：

• set（n）　返回关于图形窗口 Figure（n）的所有图像属性的名称和属性值所有可能取值；

• get（n）　返回关于图形窗口 Figure（n）的所有图像属性的名称和当前属性值。

需要注意的是，figure 函数产生的图形窗口的编号是在原有编号基础上加 1。有时，作图是为了进行不同数据的比较，我们需要在同一个视窗下来观察不同的图像，这时可用 MATLAB 提供的 subplot 命令来完成这项任务。

如果用户想关闭图形窗口，则可以使用命令 close。

如果用户不想关闭图形窗口，仅仅是想将该窗口的内容清除，则可以使用 clf 命令实现。另外，命令 clf（rest）除了能够消除当前图形窗口的所有内容以外，还可以将该图形窗口除了位置和单位属性外的所有属性都重新设置为默认状态。当然，也可以通过使用图形窗口中的菜单项来实现相应的功能，这里不再赘述。

2.7.2　工具条的使用

在 MATLAB 的命令行窗口中输入 figure，将打开图 2-4 所示的图形窗口。

下面通过一个例子使读者进一步熟悉图形窗口中工具条的作用。

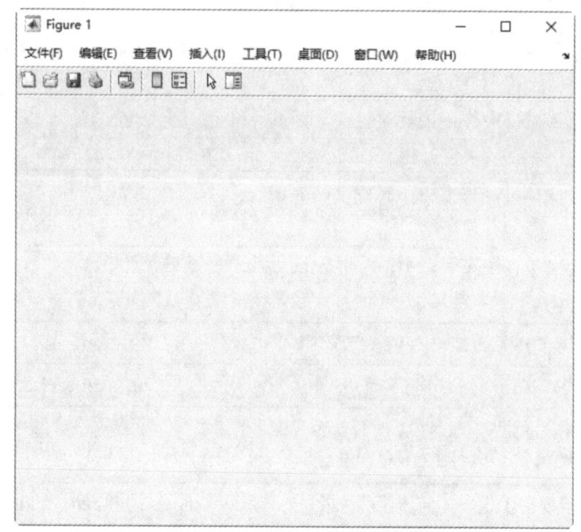

图 2-4　新建的图形窗口

例 2-87：　随便画一个三维图形。

解：学过数学分析或高等数学的读者都知道下面参数方程组的图形是螺旋曲线：

$$\begin{cases} x = \sin\theta \\ y = \cos\theta \qquad\qquad \theta \in [0,10\pi] \\ z = \theta \end{cases}$$

下面用 MATLAB 来画这个三维曲线。

```
>> close all      %关闭当前已打开的文件
>> clear      %清除工作区的变量
>> t=0:pi/100:10*pi;        %取值范围和取值点
>> plot3(sin(t), cos(t), t)       %绘制三维空间中的坐标
>> title('螺旋曲线')      %添加标题
>> xlabel('sint'), ylabel('cost'), zlabel('t')     %添加坐标轴标签
```

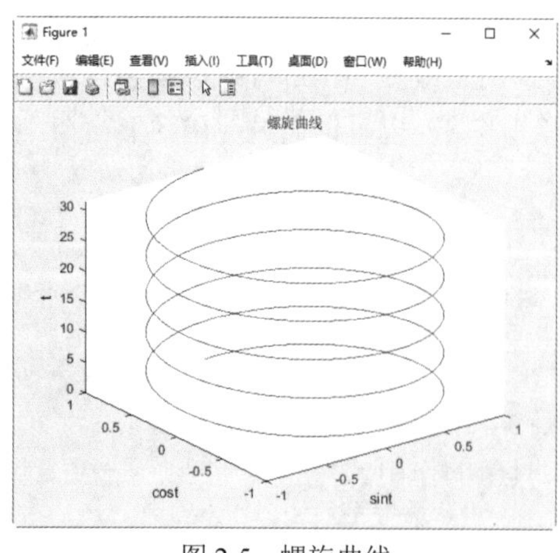

图 2-5　螺旋曲线

运行上述命令后会在图形窗口出现图 2-5 所示的图形。

程序中的 plot3 是一个画三维图形的命令，它的用法将在本书 4.1.1 节中进行详细说明；title 命令用来给所画的图形命名；最后一行命令中的函数用于标注各个坐标轴所代表的函数。

下面是对图形窗口工具条的详细说明：

- ：单击此图标将新建一个图形窗口，该窗口不会覆盖当前的图形窗口，编号紧接着当前窗口最后一个。
- ：打开图形窗口文件（扩展名为.fig）。
- ：将当前的图形以.fig 文件的形式存到用

户所希望的目录下。

• [打印图标]：打印图形。

• [链接图标]：链接/取消链接绘图。单击该图标，弹出如图 2-6 右图所示的对话框，用于指定数据源属性。一旦在变量与图形之间建立了实时链接，对变量的修改将即时反映到图形上。

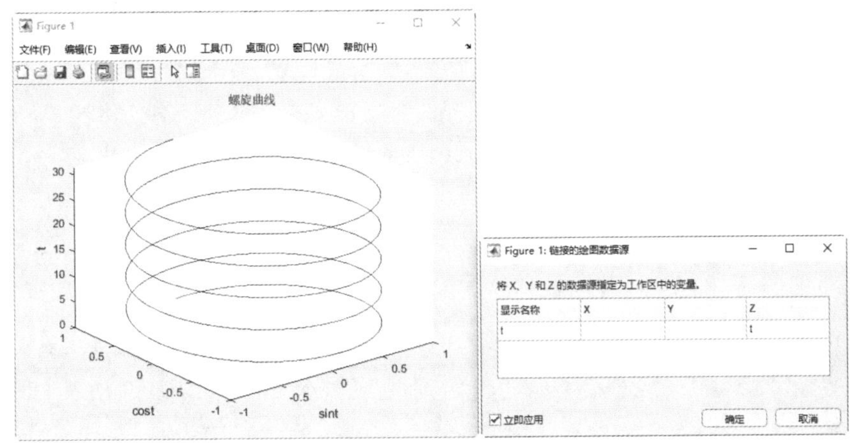

图 2-6 链接绘图

• [颜色栏图标]：插入颜色栏。单击此图标后会在图形的右边出现一个色轴，这会给用户在编辑图形色彩时带来很大的方便。

• [图例图标]：此图标用来给图形添加标注。单击此图标后，会在图形的右上角显示图例，双击框内数据名称所在的区域，可以将 t 改为读者所需要的数据。

• [箭头图标]：编辑绘图。单击此图标后，用鼠标双击图形对象，打开“属性检查器”对话框，可以对图形进行相应的编辑。

• [属性检查器图标]：此图标用来打开“属性检查器”。

将鼠标指针移到绘图区，绘图区右上角显示一个工具条，如图 2-7 所示。

• [导出图标]：将图形另存为图片，或者复制为图像或向量图。

• [刷亮图标]：选中此工具后，在图形上按住鼠标左键拖动，所选区域将默认以红色刷亮显示，如图 2-8 所示。

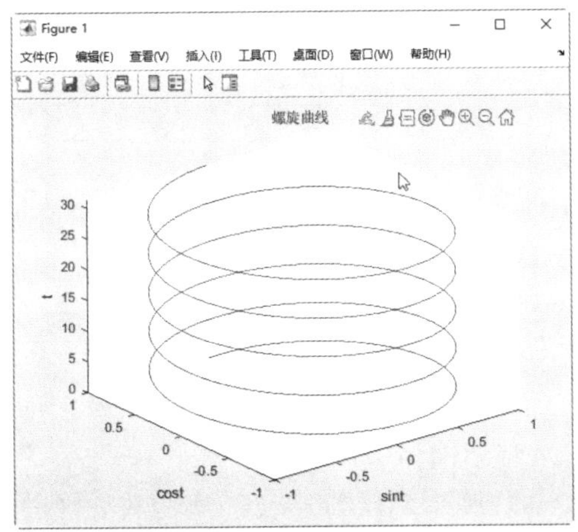

图 2-7 显示编辑工具

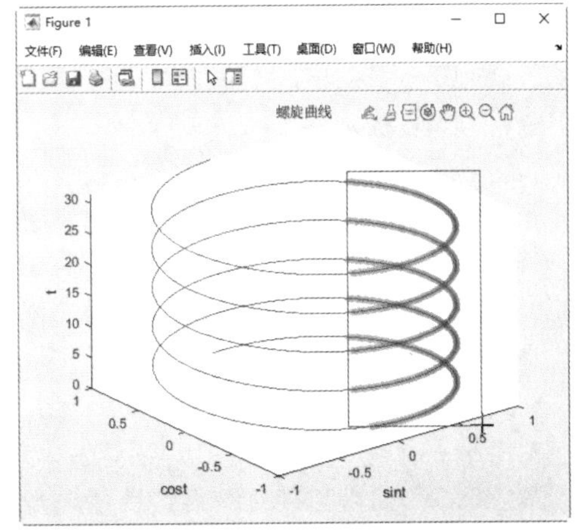

图 2-8 刷亮选择数据

• ：数据提示。单击此图标后，光标会变为空心十字形状，单击图形的某一点，显示该点在所在坐标系中的坐标值，如图 2-9 所示。

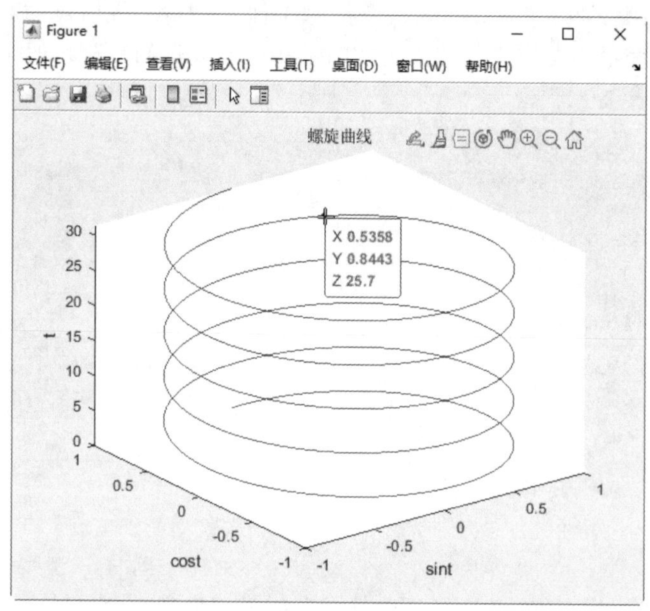

图 2-9　数据提示

• ：按住鼠标左键平移图形。
• ：放大图形窗口中的整个图形或图形的一部分。
• ：缩小图形窗口中的图形。
• ：将视图还原到缩放、平移之前的状态。

第3章

扫码看实例讲解视频

数据可视化与二维绘图

图形绘制与数据可视化是 MATLAB 的一大特色。MATLAB 提供了大量的绘图函数、命令，可以很好地将各种数据表现出来。

本章将介绍 MATLAB 的图形窗口和初步的数据可视化方法。通过本章的学习，读者能够掌握 MATLAB 二维绘图以及各种绘图的修饰。

3.1 二维绘图

本节内容是学习用 MATLAB 作图最重要的部分，也是学习下面内容的一个基础。在本节中，我们将会详细介绍一些常用的控制参数。

3.1.1 plot 绘图命令

plot 命令是最基本的绘图命令，也是最常用的一个绘图命令。当执行 plot 命令时，系统会自动创建一个新的图形窗口。若之前已经有图形窗口打开，那么系统会将图形画在最近打开过的图形窗口中，原有图形也将被覆盖。事实上，在前面两节中我们已经对这个命令有了一定的了解，本节将详细讲述该命令的各种用法。

plot 命令主要有下面几种使用格式。

（1）plot（x）

这个函数格式的功能如下。

• 当 x 是实向量时，则绘制出以该向量元素的下标 [即向量的长度，可用 MATLAB 函数 length（）求得] 为横坐标，以该向量元素的值为纵坐标的一条连续曲线。

• 当 x 是实矩阵时，按列绘制出每列元素值的曲线，曲线数等于 x 的列数。

• 当 x 是负数矩阵时，按列分别绘制出以元素实部为横坐标，以元素虚部为纵坐标的多条曲线。

如果要在同一图形窗口中分割出所需要的几个窗口来，可以使用 subplot 命令，它的使用格式为：

• subplot（m，n，p） 将当前窗口分割成 m × n 个视图区域，并指定第 p 个视图为当前视图。

• subplot（'position'，[left bottom width height]） 产生的新子区域的位置由用户指定，后面的四元组为区域的具体控制参数，宽高的取值范围都是[0，1]。

需要注意的是，这些子图的编号是按行来排列的，例如第 s 行第 t 个视图区域的编号为 $(s-1)\times n+t$。如果在此命令之前并没有任何图形窗口被打开，那么系统将会自动创建一个图形窗口，并将其割成 $m\times n$ 个视图区域。

例 3-1：随机生成一个行向量 a 以及一个实方阵 b，并用 MATLAB 的 plot 命令作出 a、b 的图像。

解：在 MATLAB 命令行窗口中输入如下命令：

```
>> close all          %关闭当前已打开的文件
>> clear              %清除工作区的变量
>> a=rand(1, 10);           %生成 1×10 的均匀分布的随机数行向量 a
>> b=rand(5, 5);            %生成 5×5 的均匀分布的随机数方阵 b
>> subplot(1, 2, 1), plot(a)        %将视图分割为一行两列两个窗口，在第一个视窗绘制向量 a 的图像
>> subplot(1, 2, 2), plot(b)        %在第二个视窗绘制方阵 b 的图形
```

运行后所得的图像为图 3-1。

（2）plot（x，y）

这个函数格式的功能是：

• 当 x、y 是同维向量时，绘制以 x 为横坐标、以 y 为纵坐标的曲线。

• 当 x 是向量，y 是有一维与 x 等维的矩阵时，绘制出多根不同颜色的曲线，曲线数等于 y 阵的另一维数，x 作为这些曲线的横坐标。

• 当 x 是矩阵，y 是向量时，同上，但以 y 为横坐标。

• 当 x、y 是同维矩阵时，以 x 对应的列元素为横坐标，以 y 对应的列元素为纵坐标分别绘制曲线，曲线数等于矩阵的列数。

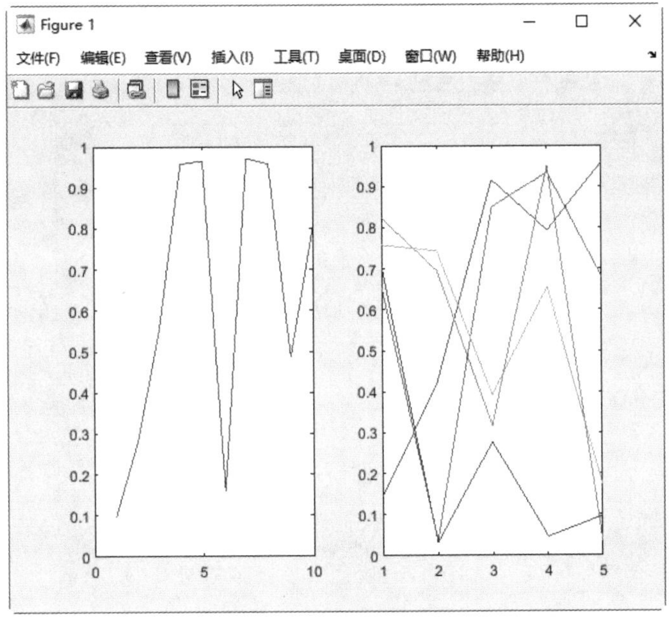

图 3-1 plot 作图（一）

例 3-2：

在某次物理实验中，测得摩擦系数不同情况下路程与时间的数据见表 3-1。在同一图中作出不同摩擦系数情况下路程随时间的变化曲线。

表 3-1 不同摩擦系数时路程和时间的关系

时间/s	路程 1/m	路程 2/m	路程 3/m	路程 4/m
0	0	0	0	0
0.2	0.58	0.31	0.18	0.08
0.4	0.83	0.56	0.36	0.19
0.6	1.14	0.89	0.62	0.30
0.8	1.56	1.23	0.78	0.36
1.0	2.08	1.52	0.99	0.49

解：此问题可以将时间 t 写为一个列向量，相应测得的路程 s 的数据写为一个 6×4 的矩阵，然后利用 plot 命令即可。具体的程序如下：

```
>> close all       %关闭当前已打开的文件
>> clear           %清除工作区的变量
>> x=0: 0.2: 1;        %时间取值点
>> y=[0 0 0 0;0.58 0.31 0.18 0.08;0.83 0.56 0.36 0.19;1.14 0.89
0.62 0.30;1.56 1.23 0.78 0.36;2.08 1.52 0.99 0.49];  %输入路程数据
>> plot(x, y)          %绘制以 x 为横坐标，对应的 y 为纵坐标的图形
```

运行结果如图 3-2 所示。

（3）plot（x1，y1，x2，y2，…）

这个函数格式的功能是绘制多条曲线。在这种用法中，（xi，yi）必须是成对出现的，前面的命令等价于逐次执行 plot（xi，yi）命令，其中 i=1，2，…。

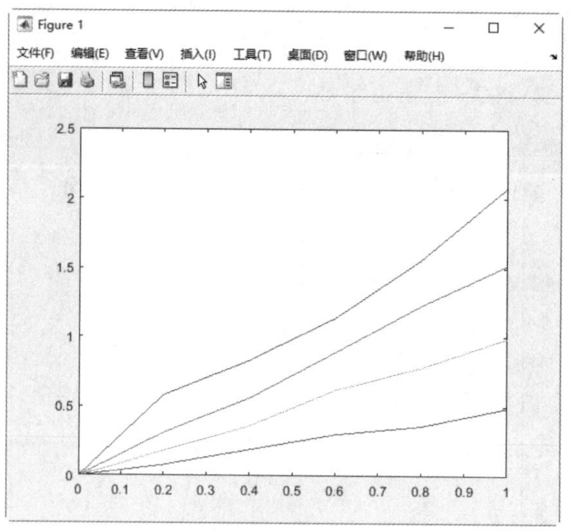

图 3-2 plot 作图（二）

例 3-3: 在同一个图上画出 $y = \sin x$ 、 $y = \cos(x + \frac{\pi}{4})$ 的图形。

解：在 MATLAB 命令行窗口中输入如下命令：

```
>> close all          %关闭当前已打开的文件
>> x1=linspace(0, 2*pi, 100);      %生成 0 到 2π 的 100 个等间距点行向量
>> x2=x1+pi/4;      %定义第二个函数的取值点行向量
>> y1=sin(x1);          %定义第一个函数表达式
>> y2=cos(x2);          %定义第二个函数表达式
>> plot(x1, y1, x2, y2)      %绘制两个函数的图形
```

运行结果如图 3-3 所示。

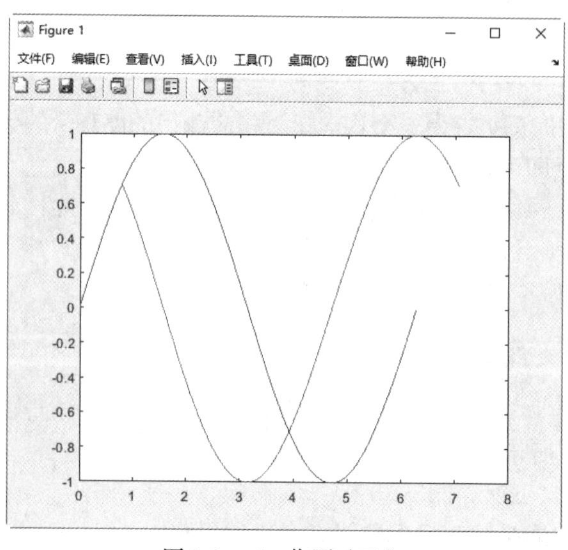

图 3-3 plot 作图（三）

注意 ATTENTION linspace 命令用来将已知的区间[0，2π]作 100 等分。这个命令的具体使用格式为 linspace（a，b，n），作用是将已知区间[a，b]作 n 等分，返回值为分各节点的坐标。

（4）plot（x，y，s）

其中，x、y 为向量或矩阵，s 为用单引号标记的字符串，用来设置所画数据点的类型、大小、颜色以及数据点之间连线的类型、粗细、颜色等。实际应用中，s 是某些字母或符号的组合，这些字母和符号会在下一段介绍。s 可以省略，此时将由 MATLAB 系统默认设置，即曲线一律采用“实线”线型， 不同曲线将按表 3-3 所给出的前 7 种颜色（蓝、绿、红、青、品红、黄、黑）顺序着色。

s 的合法设置参见表 3-2～表 3-4。

表 3-2 线型符号及说明

线型符号	符号含义	线型符号	符号含义
-	实线（默认值）	:	点线
--	虚线	-.	点画线

表 3-3 颜色控制字符表

字符	色彩	RGB 值	字符	色彩	RGB 值
b（blue）	蓝色	001	m（magenta）	品红	101
g（green）	绿色	010	y（yellow）	黄色	110
r（red）	红色	100	k（black）	黑色	000
c（cyan）	青色	011	w（white）	白色	111

表 3-4 线型控制字符表

字符	数据点	字符	数据点
+	加号	>	向右三角形
o	小圆圈	<	向左三角形
*	星号	s	正方形
.	实点	h	正六角星
x	交叉号	p	正五角星
d	棱形	v	向下三角形
^	向上三角形		

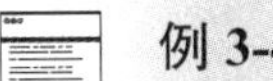

例 3-4： 任意描一些数据点，熟悉 plot 命令中参数的用法。

解： 在 MATLAB 命令行窗口中输入如下命令：

```
>> close all        %关闭当前已打开的文件
>> x=0: pi/10: 2*pi;        %定义取值范围和取值点
```

```
>> y1=sin(x);          %定义函数表达式 y1、y2 和 y3
>> y2=cos(x);
>> y3=x;
>> hold on   %保留当前坐标区中的绘图
>> plot(x, y1, 'r*')          %以红色星号标记绘制第一个函数的图形
>> plot(x, y2, 'kp')          %以黑色正五角星标记绘制第二个函数的图形
>> plot(x, y3, 'bd')          %以蓝色菱形标记绘制第三个函数的图形
>> hold off       %关闭保持命令
```

说明：hold on 命令用来使当前轴及图形保持不变，准备接受此后 plot 所绘制的新的曲线。hold off 使当前轴及图形不再保持上述性质。

运行结果如图 3-4 所示。

（5）plot（x1，y1，s1，x2，y2，s2，…）

这种格式的用法与（3）相似，不同之处的是此格式有参数的控制，运行此命令等价于依次执行 plot（xi，yi，si），其中 i=1，2，…。

例 3-5：在同一坐标系下画出下面函数在$[-\pi,\pi]$上的简图：

$$y1=\mathrm{e}^{\sin x}, y2=\mathrm{e}^{\cos x}, y3=\mathrm{e}^{\sin x+\cos x}, y4=\mathrm{e}^{\sin x-\cos x}$$

解：在 MATLAB 命令行窗口中输入如下命令：

```
>> close all       %关闭当前已打开的文件
>> clear           %清除工作区的变量
>> x=-pi: pi/10: pi;      %定义取值范围和取值点
>> y1=exp(sin(x));       %定义函数表达式
>> y2=exp(cos(x));
>> y3=exp(sin(x)+cos(x));
>> y4=exp(sin(x)-cos(x));
>> plot(x, y1, 'b.-', x, y2, 'd-', x, y3, 'm>: ', x, y4, 'rh-')
%使用指定的颜色和标记绘图
```

运行结果如图 3-5 所示。

小技巧

如果读者不知道 hold on 命令及用法，但又想在当前坐标下画出后续图形时，便可以使用 plot 命令的此种用法。

3.1.2 fplot 绘图命令

fplot 命令也是 MATLAB 提供的一个画图命令，它是一个专门用于画一元函数图形的命

令。有些读者可能会有这样的疑问：plot 命令也可以画一元函数图形，为什么还要引入 fplot 命令呢？

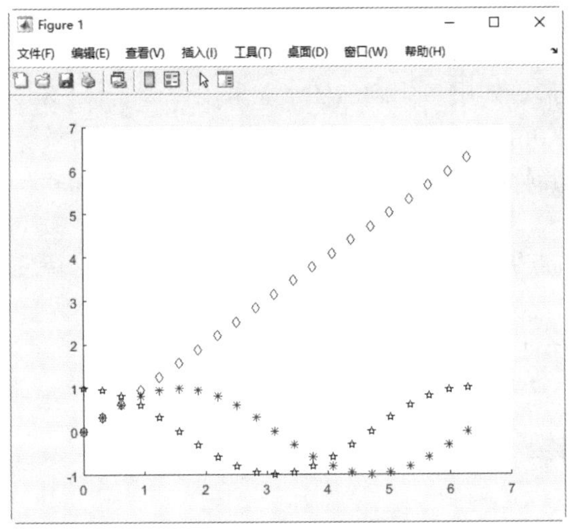

图 3-4 plot 作图（四）

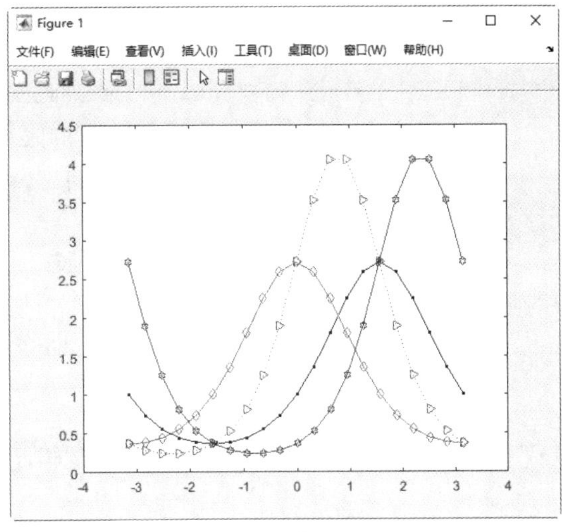

图 3-5 plot 作图（五）

这是因为 plot 命令是依据我们给定的数据点来作图的，而在实际情况中，一般并不清楚函数的具体情况，因此依据我们所选取的数据点作的图形可能会忽略真实函数的某些重要特性，给科研工作造成不可估计的损失。MATLAB 提供了专门绘制一元函数图形的 fplot 命令，它用来指导数据点的选取，通过其内部自适应算法，在函数变化比较平稳处，所取的数据点就会相对稀疏一点，在函数变化明显处所取的数据点就会自动密一些，因此用 fplot 命令所作出的图形要比用 plot 命令作出的图形光滑、准确。

fplot 命令的主要调用格式见表 3-5。

表 3-5 fplot 命令的调用格式

调用格式	说明
fplot（f）	在 x 默认区间[-5 5]内绘制由函数 y = f (x)定义的曲线。定义的曲线改用函数句柄，例如'sin (x)'改为@(x)sin(x)
fplot（f，lim）	在指定的范围 lim 内画出一元函数 f 的图形
fplot（f，lim，s）	用指定的线型 s 画出一元函数 f 的图形
fplot（f，lim，n）	画一元函数 f 的图形时，至少描出 n+1 个点
fplot（funx，funy）	在 t 的默认间隔[-5 5]上绘制由 x=funx(t)和 y=funy(t)定义的曲线
fplot（funx，funy，tinterval）	在指定的时间间隔内绘制。将间隔指定为[tmin tmax]形式的二维向量
fplot（…，LineSpec）	指定线条样式、标记符号和线条颜色。例如，' - r' 绘制一条红线。在前面语法中的任何输入参数组合之后使用此选项
fplot（…，Name，Value）	使用一个或多个名称-值对参数指定行属性
fplot（ax，…）	绘制到由 x 指定的轴中，而不是当前轴(GCA)。指定轴作为第一个输入参数
fp = fplot（…）	根据输入返回函数行对象或参数化函数行对象。使用 FP 查询和修改特定行的属性
[X，Y] =fplot（f，lim，…）	返回横坐标与纵坐标的值给变量 X 和 Y，不绘制图形

对于表中的各种用法有下面几点需要说明:

① f 对字符向量输入的支持将在未来版本中删除，可以改用函数句柄，例如'sin（x）'改为@（x）sin（x）。

② lim 是一个指定 x 轴范围的向量[xmin，xmax]或者 y 轴范围的向量 [ymin，ymax]。

③ [X，Y]=fplot（f，lim，…）不会画出图形，如用户想画出图形，可用命令 plot（X，Y）。这个语法将在未来的版本中删除，而是使用 line 对象 FP 的 XData 和 YData 属性。

④ fplot 命令中的参数 n 至少把范围 lim 分成 n 个小区间，最大步长不超过（xmax－xmin）/n。

⑤ fplot 不再支持用于指定误差容限或评估点数的输入参数。若要指定评估点数，请使用网格密度属性。

下面通过几个例子来熟悉一下 fplot 命令的用法。

例 3-6: 按要求画出下面函数的图形:

① $f1(x)=\dfrac{\sin x}{x^2-x+0.5}+\dfrac{\cos x}{x^2+2x-0.5}, x\in[0,1]$；

② $f2(x)=\ln(\sin^2 x+2\sin x+8), x\in[-2\pi,2\pi]$；

③ 画出 $f3(x)=\mathrm{e}^{a\sin x-b\cos x}, x\in[-4\pi,4\pi]$，当 a=4、b=2 时的图形；

④ $\begin{cases} y1=\sin x \\ y2=x \\ y3=\tan x \end{cases} \quad x\in[0,\dfrac{\pi}{2}], y\in[0,2]$。

解: 先以 M 文件 f1.m、f2.m、f3.m 的形式写出函数 f1、f2、f3:

```
function y=f1(x)          %函数 f1
y=sin(x)/(x^2-x+0.5)+cos(x)/(x^2+2*x-0.5);
function y=f2(x)          %函数 f2
y=log(sin(x)^2+2*sin(x)+8);
function y=f3(x, a, b)    %函数 f3
y=exp(a*sin(x)-b*cos(x));
```

然后在 MATLAB 命令行窗口中输入如下命令:

```
>> close all        %关闭当前已打开的文件
>> clear            %清除工作区的变量
>> syms x a b       %定义符号变量 x、a、b
>> subplot(2, 2, 1), fplot(f1(x), [0, 1])        %在分割后的四个视窗中分别绘制四个函数的图形
>> subplot(2, 2, 2), fplot(f2(x), [-2*pi, 2*pi])
>> subplot(2, 2, 3), fplot(f3(x, 4, 2), [-4*pi, 4*pi])
>> subplot(2, 2, 4), fplot(@(x)[sin(x), x, tan(x)]), axis([0 pi/2 0 2])
```

运行结果如图 3-6 所示。

下面的例子用来比较 fplot 命令与 plot 命令。

例 3-7： 分别用 fplot 命令与 plot 命令作出函数 $y=\sin\frac{1}{x}, x\in[0.01,0.02]$ 的图形。

解：先以 M 文件的形式写出函数 f_compare，具体程序如下：

```
function y=f_compare(x)    %创建函数
y=sin(1./x);
```

然后在 MATLAB 命令行窗口中输入如下命令：

```
>> close all      %关闭当前已打开的文件
>> x=linspace(0.01, 0.02, 50); %创建从 0.01 到 0.02 的 50 个等距点构成的行向量
>> y=f_compare(x);      %调用自定义函数
>> subplot(2, 1, 1), plot(x, y)        %在分割后的上下两个视窗中以两种方式分别绘制函数曲线
>> subplot(2, 1, 2), fplot(@(x)f_compare(x), [0.01, 0.02])
```

运行结果如图 3-7 所示。

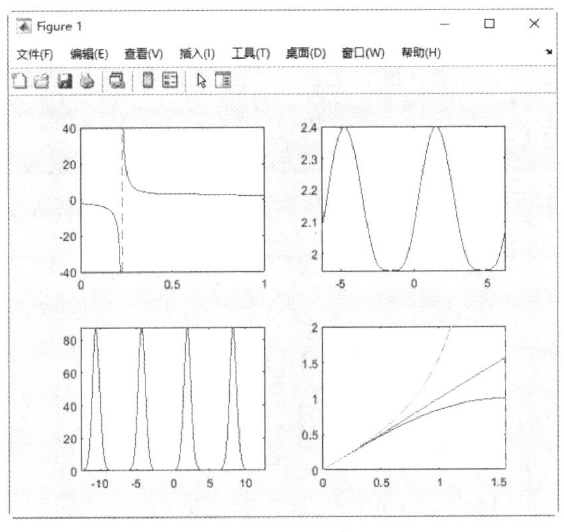

图 3-6 fplot 作图

从图 3-7 可以很明显地看出 fplot 命令所画的图形要比用 plot 命令所作的图形光滑、精确。这主要是因为分点取得太少了，也就是说对区间的划分还不够细。

3.1.3 fimplicit 绘图命令

如果方程 $f(x, y)=0$ 能确定 y 是 x 的函数，那么称这种方式表示的函数是隐函数。隐函数不一定能写为 $y=f(x)$ 的形式。

fimplicit 命令的主要调用格式见表 3-6。

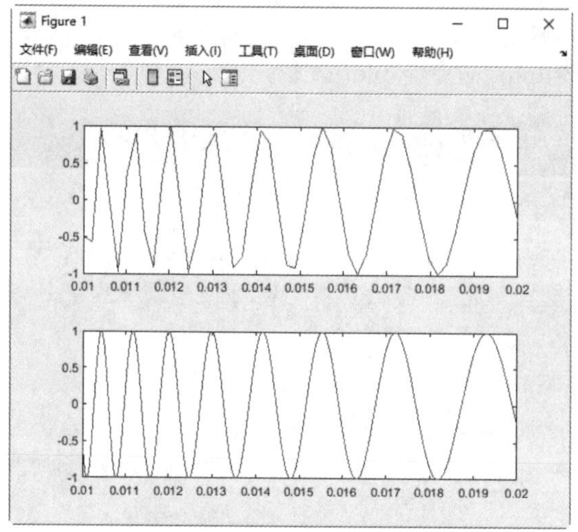

图 3-7 fplot 与 plot 的比较

表 3-6 fimplicit 命令的调用格式

调用格式	说明
fimplicit（f）	在 x 默认区间 [-5 5]内绘制由隐函数 f（x，y）= 0 定义的曲线。定义的曲线改用函数句柄，例如'sin（x+y）'改为@（x，y）sin（x+y）
fimplicit（f，interval）	在 interval 指定的范围内画出隐函数 f （x，y） = 0 的图形，将区间指定为 [xmin xmax] 形式的二元素向量
fimplicit（ax，…）	绘制到由 x 指定的轴中，而不是当前轴（GCA）。指定轴作为第一个输入参数
fimplicit（…，LineSpec）	指定线条样式、标记符号和线条颜色
fimplicit（…，Name，Value）	使用一个或多个名称-值对参数指定行属性
fp = fimplicit（…）	根据输入返回函数行对象或参数化函数行对象。使用 FP 查询和修改特定行的属性

例 3-8： 按要求画出下面函数的图像：

① 绘制隐函数 $f(x,y)=x^2-y^4=0$ 在 $x\in(-2\pi,2\pi), y\in(-2\pi,2\pi)$ 上的图形；

② 绘制隐函数 $f(x,y)=\log$[1]（$|\sin x+\cos y|$）在 $x\in(-\pi,\pi), y\in(0,2\pi)$ 上的图形。

解：在 MATLAB 命令行窗口中输入如下命令：

```
>> close all      %关闭当前已打开的文件
>> clear      %清除工作区的变量
>> syms x y t     %定义符号变量 x、y 和 t
>> subplot(1, 2, 1), fimplicit(@(x, y) x.^2-y.^4)     %绘制函数的图像
>> subplot(1, 2, 2), fimplicit(@(x, y) log(abs(sin(x)+cos(y))), [-pi pi 0 2*pi]) %在指定区间绘制函数的图形
```

[1] 本书中 log 是指以 10 为底的对数。

运行结果如图 3-8 所示。

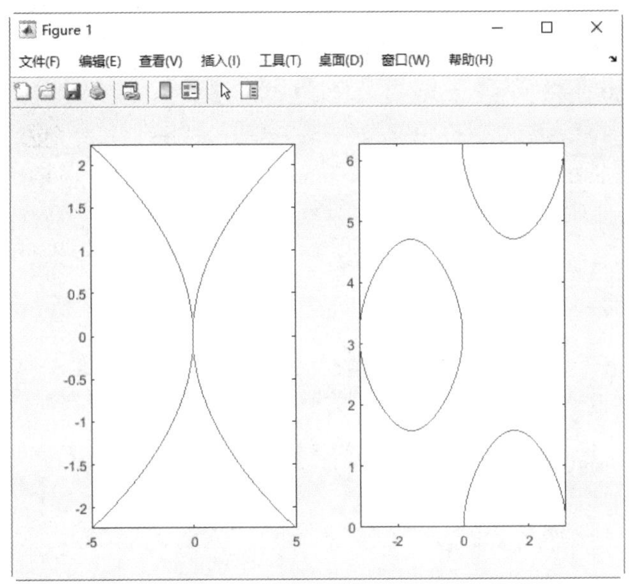

图 3-8　fimplicit 作图

3.1.4　其他坐标系下的绘图命令

前面讲的绘图命令使用的都是笛卡儿坐标系，而在工程实际中，往往会涉及不同坐标系下的图形问题，例如非常常用的极坐标。下面简单介绍几个工程计算中常用的其他坐标系下的绘图命令。

（1）极坐标系下绘图

在 MATLAB 中，polarplot 命令用来绘制极坐标系下的函数图形。polarplot 命令的调用格式见表 3-7。

表 3-7　polarplot 命令的调用格式

调用格式	说明
polarplot（theta，rho）	在极坐标中绘图，theta 的元素代表弧度，rho 代表极坐标矢径
polarplot（theta，rho，s）	在极坐标中绘图，参数 s 的内容与 plot 命令相似

例 3-9：　在极坐标下画出下面函数的图像：

$$r = e^{\cos t} - 2\cos 4t + \left(\sin\frac{t}{12}\right)^5$$

解：在 MATLAB 命令行窗口中输入如下命令：

```
>> close all        %关闭当前已打开的文件
>> clear         %清除工作区的变量
>> t=linspace(0, 24*pi, 1000); %创建 0 到 24π 的 1000 个等距点向量
```

```
>> r=exp(cos(t))-2*cos(4.*t)+(sin(t./12)).^5;        %输入函数表达式
>> polarplot(t, r)        %绘制图像
```

运行结果如图 3-9 所示。

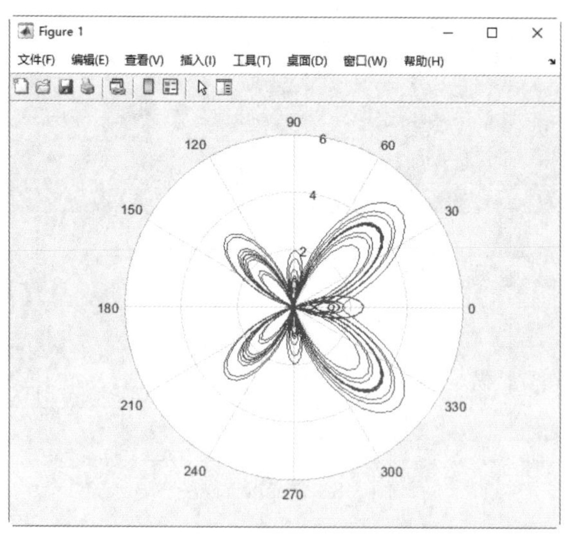

图 3-9　polarplot 作图

如果还想看一下此图在直角坐标系下的图像，那么可借助 pol2cart 命令，它可以将相应的极坐标数据点转化成直角坐标系下的数据点，具体的步骤如下：

```
>> [x, y]=pol2cart(t, r);        %将极坐标数组 t 和 r 的对应元素转换为二维笛卡尔坐标或 xy 坐标
>> figure        %新建一个图形窗口
>> plot(x, y)        %绘制图形
```

运行结果如图 3-10 所示。

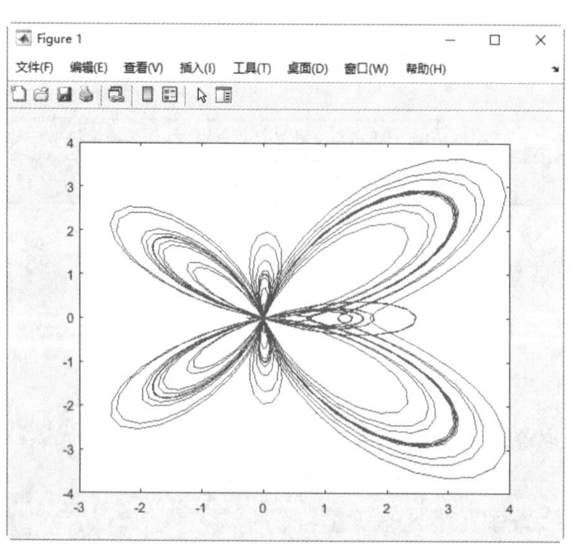

图 3-10　pol2cart 作图

（2）半对数坐标系下绘图

半对数坐标在工程中也是很常用的，MATLAB 提供的 semilogx 与 semilogy 命令可以很容易实现这种作图方式。semilogx 命令用来绘制 x 轴为半对数坐标的曲线，semilogy 命令用来绘制 y 轴为半对数坐标的曲线，它们的使用格式是一样的。以 semilogx 命令为例，其调用格式见表 3-8。

表 3-8 semilogx 命令的调用格式

调用格式	说明
semilogx（Y）	绘制以 10 为基数的对数刻度的 x 轴和线性刻度的 y 轴的半对数坐标曲线，若 Y 是实矩阵，则按列绘制每列元素值相对其下标的曲线图，若为复矩阵，则等价于 semilogx（real（Y），imag（Y））命令
semilogx（X1，Y1，…）	对坐标（Xi，Yi）(i=1，2，…）绘制所有的曲线，如果（Xi，Yi）是矩阵，则以（Xi，Yi）对应的行或列元素为横纵坐标绘制曲线
semilogx（X1，Y1，LineSpec，…）	对坐标（Xi，Yi）(i=1，2，…）绘制所有的曲线，其中 LineSpec 是控制曲线线型、标记以及色彩的参数
semilogx（…，'PropertyName'，PropertyValue，…）	设置所有用 semilogx 命令生成的图形对象的属性
semilogx（ax，…）	在由 ax 指定的坐标区中创建线条
h = semilogx（…）	返回 line 图形句柄向量，每条线对应一个句柄

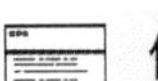

例 3-10： 比较函数 $y=10^x$ 在半对数坐标系与直角坐标系下的图像。

解：在 MATLAB 命令行窗口中输入如下命令：

```
>> close all        %关闭打开的文件
>> x=0: 0.01: 1;        %定义取值范围和取值点
>> y=10.^x;        %定义函数
>> subplot(1, 2, 1), semilogy(x, y)        %在第一个视窗中绘制半对数坐标系下的函数图形
>> subplot(1, 2, 2), plot(x, y)  %在第二个视窗中绘制直角坐标系下的函数图形
```

运行结果如图 3-11 所示。

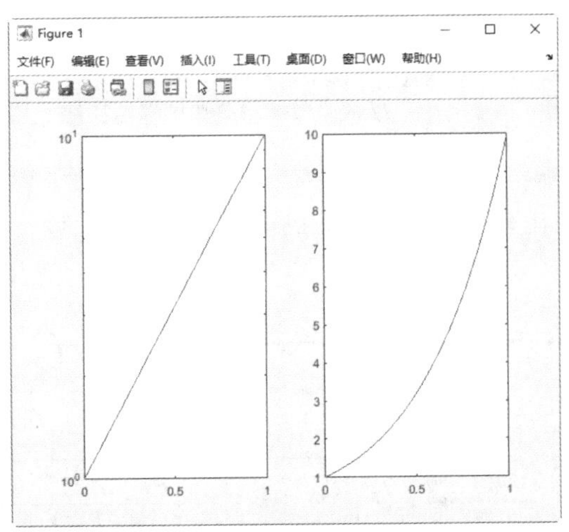

图 3-11 半对数坐标图与直角坐标图比较

（3）双对数坐标系下绘图

除了半对数坐标绘图外，MATLAB 还提供了双对数坐标系下的绘图命令 loglog，它的使用格式与 semilogx 相同，这里就不再详细说明了，只给出一个例子。

例 3-11：　比较函数 $y = e^x$ 在双对数坐标系与直角坐标系下的图形。

解：在 MATLAB 命令行窗口中输入如下命令：

```
>> close all            %关闭打开的文件
>> x=0: 0.01: 1;        %设置取值范围和取值点
>> y=exp(x);     %定义函数
>> subplot(1, 2, 1), loglog(x, y)       %在第一个视窗中绘制双对数坐标系下的函数图形
>> subplot(1, 2, 2), plot(x, y)       %在第二个视窗中绘制直角坐标系下的函数图形
```

运行结果如图 3-12 所示。

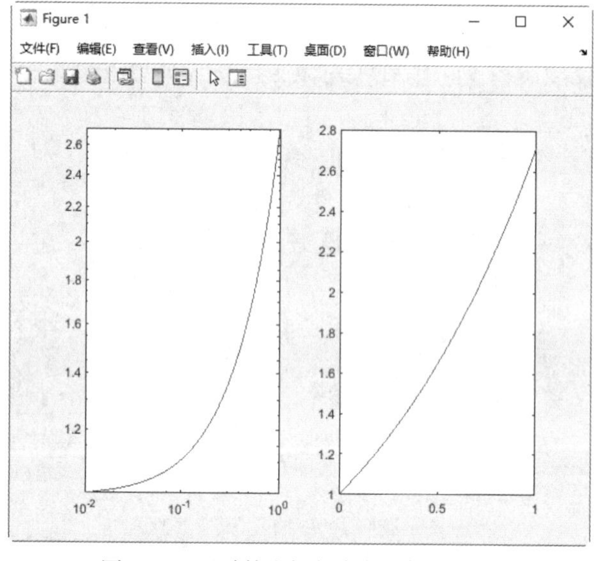

图 3-12　双对数坐标与直角坐标图比较

（4）双 y 轴坐标

这种坐标在实际中常用来比较两个函数的图形，实现这一操作的命令是 yyaxis，它的调用格式见表 3-9。

表 3-9　yyaxis 命令的调用格式

调用格式	说明
yyaxis left	用左边的 y 轴画出数据图。如果当前坐标区中没有两个 y 轴，将添加第二个 y 轴。如果没有坐标区，则首先创建坐标区
yyaxis right	用右边的 y 轴画出数据图
yyaxis（ax，…）	指定 ax 坐标区（而不是当前坐标区）的活动侧为左或右。如果坐标区中没有两个 y 轴，将添加第二个 y 轴。指定坐标区作为第一个输入参数。使用单引号将'left'和'right'引起来

例 3-12： 用不同标度在同一坐标内绘制曲线 $y1 = e^{-x}\cos 4\pi x$ 和 $y2 = 2e^{-0.5x}\cos 2\pi x$ 。

解：在 MATLAB 命令行窗口中输入如下命令：

```
>> close all              %关闭打开的文件
>> x=linspace(-2*pi,2*pi,200);          %设置取值范围和取值点
>> y1=exp(-x).*cos(4*pi*x);       %定义函数 y1 和 y2
>> y2=2*exp(-0.5*x).*cos(2*pi*x);
>> yyaxis left              %激活左侧，使后续图形函数作用于该侧
>> plot(x,y1)          %绘制函数 y1 的曲线
>> yyaxis right             %激活右侧，使后续图形函数作用于该侧
>> plot(x,y2)          %绘制函数 y2 的曲线
```

运行结果如图 3-13 所示。

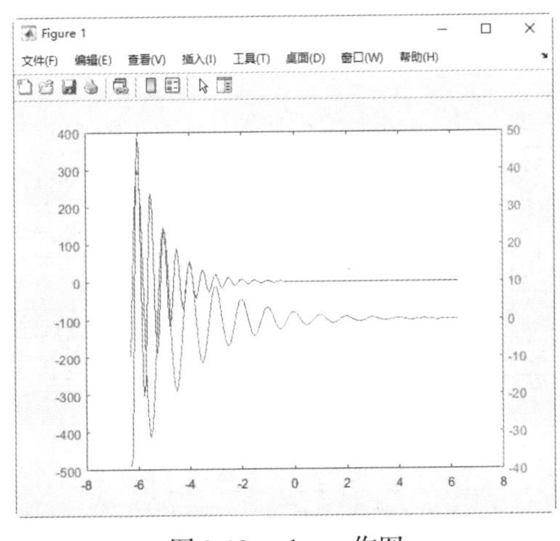

图 3-13 plotyy 作图

3.2 二维图形修饰处理

通过上一节的学习，读者可能会感觉到简单的绘图命令并不能满足我们对可视化的要求。为了让所绘制的图形让人看起来舒服并且易懂，MATLAB 提供了许多图形控制的命令。本节主要介绍一些常用的图形控制命令。

3.2.1 坐标轴控制

MATLAB 的绘图函数可根据要绘制的曲线数据的范围自动选择合适的坐标系，使得曲线

尽可能清晰地显示出来，所以一般情况下用户不必自己选择绘图坐标。但是有些图形，如果用户感觉自动选择的坐标不合适，则可以利用 axis 命令选择新的坐标系。

axis 命令用于控制坐标轴的显示、刻度、长度等特征，它有很多种使用方式，表 3-10 列出了一些常用的调用格式。

表 3-10　axis 命令的调用格式

调用格式	说明
axis（[xmin xmax ymin ymax]）	设置当前坐标轴的 x 轴与 y 轴的范围
axis（[xmin xmax ymin ymax zmin zmax]）	设置当前坐标轴的 x 轴、y 轴与 z 轴的范围
axis（[xmin xmax ymin ymax zmin zmax cmin cmax]）	设置当前坐标轴的 x 轴、y 轴与 z 轴的范围，以及当前颜色刻度范围
v = axis	返回一包含 x 轴、y 轴与 z 轴的刻度因子的行向量，其中 v 为一个四维或六维向量，这取决于当前坐标为二维的还是三维的
axis auto	自动计算当前轴的范围，该命令也可针对某一个具体坐标轴使用，例如： auto x　自动计算 x 轴的范围； auto yz　自动计算 y 轴与 z 轴的范围
axis manual	把坐标固定在当前的范围，这样，若保持状态（hold）为 on，后面的图形仍用相同界限
axis tight	把坐标轴的范围定为数据的范围，即将三个方向上的纵高比设为同一个值
axis fill	该命令用于将坐标轴的取值范围分别设置为绘图所用数据在相应方向上的最大、最小值
axis ij	将二维图形的坐标原点设置在图形窗口的左上角，坐标轴 i 垂直向下，坐标轴 j 水平向右
axis xy	使用笛卡尔坐标系
axis equal	设置坐标轴的纵横比，使在每个方向的数据单位都相同，其中 x 轴、y 轴与 z 轴根据所给数据，在各个方向的数据单位将自动调整其纵横比
axis image	效果与 axis equal 命令相同，只是图形区域刚好紧紧包围图像数据
axis square	设置当前图形为正方形（或立方体形），系统将调整 x 轴、y 轴与 z 轴，使它们有相同的长度，同时相应地自动调整数据单位之间的增加量
axis normal	自动调整坐标轴的纵横比和用于填充图形区域的、显示于坐标轴上的数据单位的纵横比
axis vis3d	该命令将冻结坐标系此时的状态，以便进行旋转
axis off	关闭所用坐标轴上的标记、格栅和单位标记，但保留由 text 和 gtext 设置的对象
axis on	显示坐标轴上的标记、单位和格栅
[mode，visibility，direction] = axis（'state'）	返回表明当前坐标轴的设置属性的三个参数 mode、visibility、direction，它们的可能取值见表 3-11

表 3-11　参数

参数	可能取值
mode	'auto'或'manual'
visibility	'on'或'off'
direction	'xy'或'ij'

 **例 3-13:**　画出函数 $y = e^x \sin 4x$ 在 $x \in \left[0, \frac{\pi}{2}\right]$，$y \in [-2, 2]$ 上的图像。

解：在 MATLAB 命令行窗口中输入如下命令：

```
>> close all          %关闭打开的文件
>> x=linspace(0, pi/2, 100); %定义 x 的取值范围和取值点
>> y=exp(x).*sin(4.*x);              %定义函数
>> plot(x, y, 'r^')          %以红色上三角标记描绘函数的图形
>> axis([0 pi/2 -2 2])       %调整坐标轴范围
```

运行结果如图 3-14 所示。

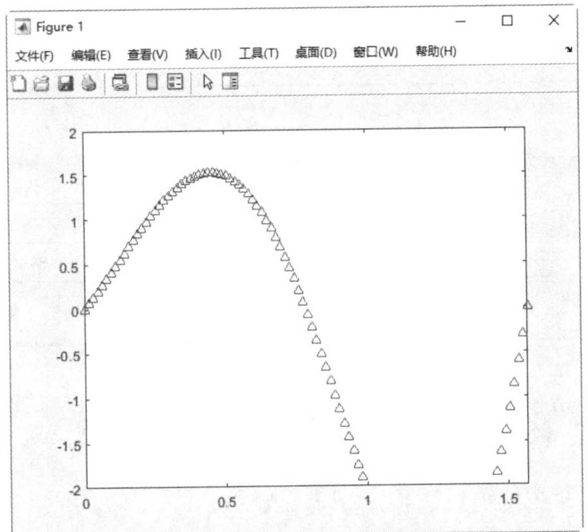

图 3-14　轴控命令 axis 效果

这里仅给出一个例子，在以后的例题中，会经常用这个命令，到时读者可以慢慢体会。

注意 ATTENTION：**对于 axis 命令的用法，axis auto 等价于 axis('auto')，将其中的 auto 换成前文所给出的其他字符串，上述用法同样等价。**

3.2.2　图形注释

MATLAB 中提供了一些常用的图形标注函数，利用这些函数可以为图形添加标题，为图形的坐标轴加标注，为图形加图例，也可以把说明、注释等文本放到图形的任何位置。本小节的内容是图形控制中最常用的，也是实际中应用最多的地方，因此读者要仔细学习本节内容，并上机调试本节所给出的各种例子。

（1）注释图形标题及轴名称

在 MATLAB 绘图命令中，title 命令用于给图形对象加标题，它的调用格式也非常简单，见表 3-12。

说明：可以利用 gcf 与 gca 来获取当前图形窗口与当前坐标轴的句柄。

还可以对坐标轴进行标注，相应的命令为 xlabel、ylabel、zlabel，作用分别是对 x 轴、y

轴、z 轴进行标注，它们的调用格式都是一样的。以 xlabel 为例进行说明，见表 3-13。

表 3-12　title 命令的调用格式

调用格式	说明
title（'text'）	在当前坐标轴上方正中央放置字符串'text'作为图形标题
title（target，'text'）	将标题字符串'text'添加到指定的目标对象
title（'text'，'PropertyName'，PropertyValue，…）	对由命令 title 生成的图形对象的属性进行设置，输入参数'text'为要添加的标注文本
h = title（…）	返回作为标题的 text 对象句柄

表 3-13　xlabel 命令的调用格式

调用格式	说明
xlabel（'string'）	在当前轴对象中的 x 轴上标注说明语句'string'
xlabel（fname）	先执行函数 fname，返回一个字符串，然后在 x 轴旁边显示出来
xlabel（'text'，'PropertyName'，PropertyValue，…）	指定轴对象中要控制的属性名和要改变的属性值，参数'text'为要添加的标注名称

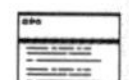

例 3-14： 画出标题为“正弦波”且有坐标标注的图形。

解： 在 MATLAB 命令行窗口中输入如下命令：

```
>> close all  %关闭打开的文件
>> x=linspace(0, 4*pi, 1000);  %定义 x 的取值范围和取值点
>> plot(x, sin(x))  %绘制正弦波
>> title('正弦波')  %添加标题
>> xlabel('x值')  %为 x、y 轴添加标注
>> ylabel('y值')
```

运行结果如图 3-15 所示。

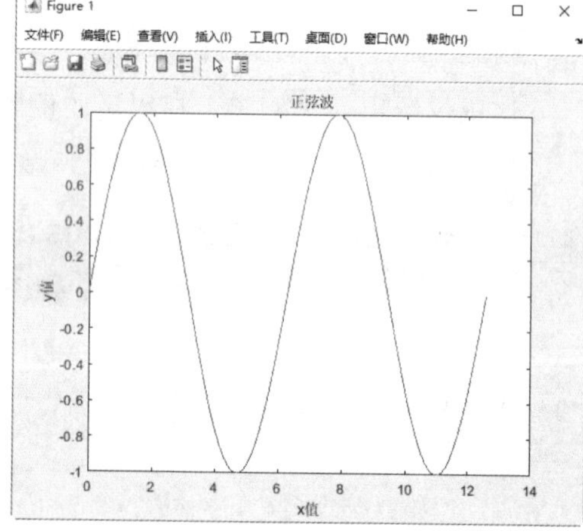

图 3-15　图形标注（一）

（2）标注图形

在给所绘得的图形进行详细的标注时，最常用的两个命令是 text 与 gtext，它们均可以在图形的具体部位进行标注。

text 命令的调用格式见表 3-14。

表 3-14　text 命令的调用格式

调用格式	说明
text（x，y，'string'）	在图形中指定的位置（x，y）上显示字符串'string'
text（x，y，z，'string'）	在三维图形空间中的指定位置（x，y，z）上显示字符串'string'
text（x，y，z，'string'，'PropertyName'，'PropertyValue'，…）	在三维图形空间中的指定位置（x，y，z）上显示字符串'string'，且对指定的属性进行设置，表 3-15 给出了文字属性名、含义及属性值的有效值与默认值
text（ax，…）	在由 ax 指定的坐标区中创建文本标注
t = text（…）	返回一个或多个文本对象 t，使用 t 修改所创建的文本对象的属性

表 3-15 中的这些属性及相应的值都可以通过 get 命令来查看，用 set 命令来修改。

表 3-15　text 命令属性列表

属性名	含义	有效值	默认值
Editing	能否对文字进行编辑	on、off	off
Interpretation	TeX 字符是否可用	tex、none	tex
Extent	text 对象的范围（位置与大小）	[left，bottom，width，height]	随机
HorizontalAlignment	文字水平方向的对齐方式	left、center、right	left
Position	文字范围的位置	[x，y，z]直角坐标系	[]（空矩阵）
Rotation	文字对象的方位角度	标量［单位为度（°）］	0
Units	文字范围与位置的单位	pixels（屏幕上的像素点）、normalized（把屏幕看成一个长、宽为 1 的矩形）、inches、centimeters、points、data	data
VerticalAlignment	文字垂直方向的对齐方式	top（文本外框顶上对齐）、cap（文本字符顶上对齐）、middle（文本外框中间对齐）、baseline（文本字符底线对齐）、bottom（文本外框底线对齐）	middle
FontAngle	设置斜体文字模式	normal（正常字体）、italic（斜体字）、oblique（斜角字）	normal
FontName	设置文字字体名称	用户系统支持的字体名或者字符串 FixedWidth	Helvetica
FontSize	文字字体大小	结合字体单位的数值	10 points
FontUnits	设置属性 FontSize 的单位	points（1points =1/72inches）、normalized（把父对象坐标轴作为单位长的一个整体；当改变坐标轴的尺寸时，系统会自动改变字体的大小）、inches、centimeters、pixels	points
FontWeight	设置文字字体的粗细	light（细字体）、normal（正常字体）、demi（黑体字）、bold（黑体字）	normal
Clipping	设置坐标轴中矩形的剪辑模式	on：当文本超出坐标轴的矩形时，超出的部分不显示 off：当文本超出坐标轴的矩形时，超出的部分显示	off
EraseMode	设置显示与擦除文字的模式	normal、none、xor、background	normal
SelectionHighlight	设置选中文字是否突出显示	on、off	on
Visible	设置文字是否可见	on、off	on
Color	设置文字颜色	有效的颜色值 ColorSpec	黑色
HandleVisibility	设置文字对象句柄对其他函数是否可见	on、callback、off	on
HitTest	设置文字对象能否成为当前对象	on、off	on
Seleted	设置文字是否显示出“选中”状态	on、off	off
Tag	设置用户指定的标签	任何字符串	''（即空字符串）
Type	设置图形对象的类型	字符串'text'	
UserData	设置用户指定数据	任何矩阵	[]（即空矩阵）
BusyAction	设置如何处理对文字回调过程中断的句柄	cancel、queue	queue
ButtonDownFcn	设置当鼠标在文字上单击时，程序做出的反应	字符串	''（即空字符串）
CreateFcn	设置当文字被创建时，程序做出的反应	字符串	''（即空字符串）
DeleteFcn	设置当文字被删除（通过关闭或删除操作）时，程序做出的反应	字符串	''（即空字符串）

gtext 命令非常好用，它可以让鼠标在图形的任意位置进行标注。当光标进入图形窗口时，会变成一个大十字架形，等待用户的操作。它的使用格式为：

gtext（'string'， 'property'，PropertyValue，…）

调用这个函数后，图形窗口中的鼠标指针会成为十字光标，通过移动鼠标来进行定位，即光标移到预定位置后按下鼠标左键或键盘上的任意键都会在光标位置显示指定文本'string'。由于要用鼠标操作，该函数只能在 MATLAB 命令行窗口中运行。

例 3-15： 画出正弦函数在 $[0,2\pi]$ 上的图像，标出 $\sin\frac{3\pi}{4}$、$\sin\frac{5\pi}{4}$ 在图像上的位置，并在曲线上标出函数名。

解：在 MATLAB 命令行窗口中输入如下命令：

```
>> close all        %关闭打开的文件
>> x=0: pi/50: 2*pi;      %设置取值范围和取值点
>> plot(x, sin(x))      %绘制正弦波
>> title('正弦波')      %添加标题
>> xlabel('x Value'), ylabel('sin(x)')      %添加坐标轴标注
>> text(3*pi/4, sin(3*pi/4), '<---sin(3pi/4)') %在图形中指定的位置添加指定的字符串
>> text(5*pi/4, sin(5*pi/4), 'sin(5pi/4)\rightarrow', 'HorizontalAlignment', 'right') %在图形中指定的位置添加指定的字符串，且文本右对齐
>> gtext('y=sin(x)')      %在图形的任意位置进行标注
```

运行结果如图 3-16 所示。

注意 text 命令中的'\rightarrow'是 TeX 字符串。在 MATLAB 中，TeX 中的一些希腊字母、常用数学符号、二元运算符号、关系符号以及箭头符号都可以直接使用。

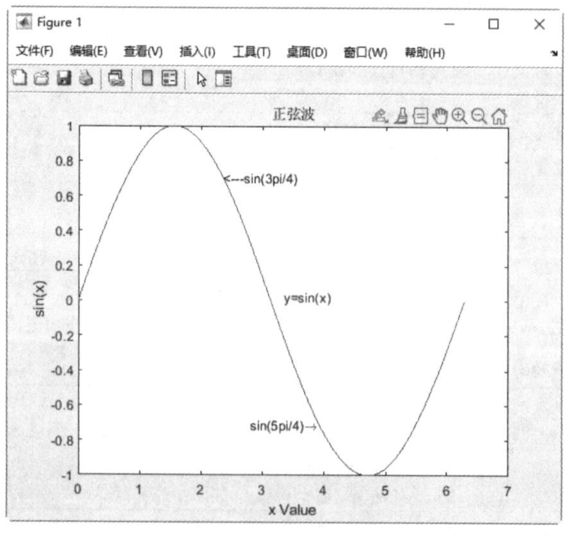

图 3-16　图形标注（二）

（3）标注图例

当在一幅图中出现多种曲线时，用户可以根据自己的需要，利用 legend 命令对不同的图例进行说明。它的调用格式见表 3-16。

表 3-16　legend 命令的调用格式

调用格式	说明
legend（subset，'string1'，'string2'，…）	仅在图例中包括 subset 中列出的数据序列的项。subset 以图形对象向量的形式指定
legend（labels）	使用 labels 作为标签，labels 可以是字符向量、元胞数组、字符串数组或字符矩阵
legend（target，…）	在 target 指定的坐标区或图中添加图例
legend（vsbl）	控制图例的可见性，vsbl 可设置为'hide'、'show' 或'toggle'
legend（bkgd）	删除图例背景和轮廓。bkgd 的默认值为'boxon'，即显示图例背景和轮廓
legend（'off'）	从当前的坐标轴中移除图例
legend	为每个绘制的数据序列创建一个带有描述性标签的图例
legend（…，Name，Value）	使用一个或多个名称-值对参数来设置图例属性。设置属性时，必须使用元胞数组{}指定标签
legend（…，'Location'，lcn）	设置图例位置。'Location'指定放置位置，包括'north'、'south'、'east'、'west'、'northeast'等
legend（…，'Orientation'，ornt）	ornt 指定图例放置方向的默认值为'vertical'，即垂直堆叠图例项；'horizontal'表示并排显示图例项
lgd = legend（…）	返回 Legend 对象，常用于在创建图例后查询和设置图例属性
h = legend（…）	返回图例的句柄向量

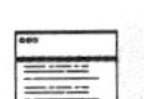

例 3-16：在同一个图形窗口内画出函数 $y_1=\sin x, y_2=\dfrac{x}{2}, y_3=\cos x$ 的图形，并作出相应的图例标注。

解：在 MATLAB 命令行窗口中输入如下命令：

```
>> close all        %关闭所有打开的文件
>> x=linspace(0, 2*pi, 100);        %定义 100 个取值点
>> y1=sin(x);        %定义函数 y1、y2 和 y3
>> y2=x/2;
>> y3=cos(x);
>> plot(x, y1, '-r', x, y2,  '+b', x, y3,  '*g')        %以指定线型和标记绘制三个函数的图形
>> title('函数作图')        %添加标题
>> xlabel('xValue'), ylabel('yValue')        %添加坐标轴标注
>> axis([0, 7, -2, 3])        %调整坐标范围
>> legend('sin(x)', 'x/2', 'cos(x)')        %添加图例
```

运行结果如图 3-17 所示。

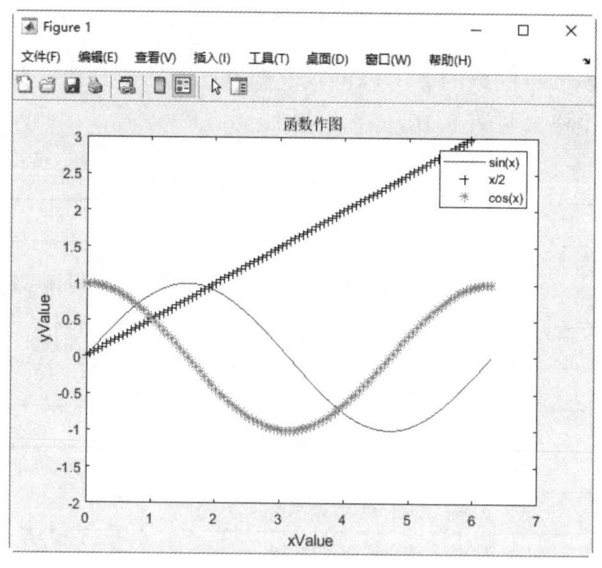

图 3-17　图形标注（三）

（4）控制分格线

为了使图像的可读性更强，可以利用 grid 命令给二维或三维图形的坐标面增加分格线，它的调用格式见表 3-17。

表 3-17　grid 命令的调用格式

调用格式	说明
grid on	显示当前坐标区或图的主网格线
grid off	删除当前坐标区或图上的所有网格线
grid	转换主网格线的显示与否的状态
grid minor	切换改变次网格线的可见性。次网格线出现在刻度线之间。并非所有类型的图都支持次网格线
grid（target，…）	使用由 target 指定的坐标区或图，而不是当前坐标区或图。其他输入参数应使用单引号引起来

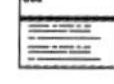

例 3-17： 在同一个图形窗口内画出函数 $y_1 = \sin x$，$y_2 = \cos x$ 的图形，并加入格线。

解：在 MATLAB 命令行窗口中输入如下命令：

```
>> clear        %清空工作区的变量
>> close all       %关闭打开的文件
>> x=linspace(0, 2*pi, 100);      %定义取值范围和取值点
>> y1=sin(x);          %定义函数表达式 y1 和 y2
>> y2=cos(x);
>> h=plot(x, y1, '-r', x, y2, '.k');      %绘制函数图形，并返回由图形线条对象组成的列向量
>> title('格线控制')       %添加标题
>> legend(h, 'sin(x)', 'cos(x)')       %在指定的坐标区添加图例
>> grid on      %显示格线
```

运行结果如图 3-18 所示。

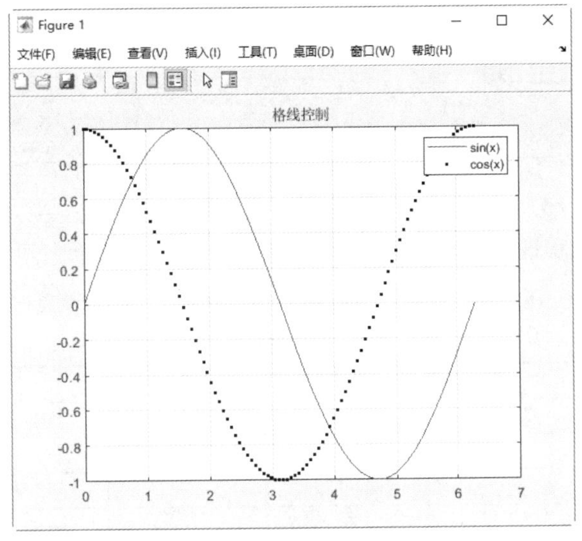

图 3-18　图形标注（四）

3.2.3　图形放大与缩小

在工程实际中，常常需要对某个图形的局部性质进行仔细观察，这时可以通过 zoom 命令将局部图形进行放大，从而便于用户观察。

zoom 命令的调用格式见表 3-18。

表 3-18　zoom 命令的调用格式

调用格式	说明
zoom on	打开交互式图形放大功能
zoom off	关闭交互式图形放大功能
zoom out	将系统返回非放大状态，并将图形恢复原状
zoom reset	系统将记住当前图形的放大状态，作为放大状态的设置值，当使用 zoom out 或双击鼠标时，图形并不是返回到原状，而是返回 reset 时的放大状态
zoom	用于切换放大的状态：on 和 off
zoom xon	只对 x 轴进行放大
zoom yon	只对 y 轴进行放大
zoom（factor）	用放大系数 factor 进行放大或缩小，而不影响交互式放大的状态。若 factor>1，系统将图形放大 factor 倍；若 0<factor≤1，系统将图形放大 1/factor 倍
zoom（fig，option）	对窗口 fig（不一定为当前窗口）中的二维图形进行放大，其中参数 option 为 on、off、xon、yon、reset、factor 等
h=zoom（figure_handle）	返回图形窗口 figure_handle 的缩放模式对象

在使用这条命令时，要注意当一个图形处于交互式的放大状态时，有两种方法来放大图形。一种是用鼠标左键单击需要放大的部分，可使此部分放大一倍，这一操作可进行多次，直到 MATLAB 的最大显示为止；单击鼠标右键，可使图形缩小一半，这一操作可进行多次，直到还原图形为止。另一种是用鼠标拖出要放大的部分，系统将放大选定的区域。该命令的

作用与图形窗口中放大图标的作用是一样的。

3.2.4 颜色控制

在绘图的过程中，对图形加上不同的颜色，会大大增加图形的可视化效果。在计算机中，各种颜色是通过对红、绿、蓝三种颜色进行适当的调配得到的。在 MATLAB 中，这种调配是用一个三维向量[RGB]实现的，其中 R、G、B 的值代表 3 种颜色之间的相对亮度，它们的取值范围均在 0～1 之间。表 3-19 中列出了一些常用的颜色调配方案。

表 3-19 颜色调配表

调配矩阵	颜色	调配矩阵	颜色
[1 1 1]	白色	[1 1 0]	黄色
[1 0 1]	洋红色	[0 1 1]	青色
[1 0 0]	红色	[0 0 1]	蓝色
[0 1 0]	绿色	[0 0 0]	黑色
[0.5 0.5 0.5]	灰色	[0.5 0 0]	暗红色
[1 0.62 0.4]	肤色	[0.49 1 0.83]	碧绿色

在 MATLAB 中，控制及实现这些颜色调配的主要命令为 colormap，它的调用格式也非常简单，见表 3-20。

表 3-20 colormap 命令的调用格式

调用格式	说明
colormap map	将当前图形窗口的颜色设置为一种预定义的颜色
colormap（map）	将当前图形窗口的颜色设置为 map 指定的颜色
colormap（target，map）	为 target 指定的图形窗口、坐标区或图形设置颜色
cmap = colormap	获取当前图形窗口的颜色，形式为 R、G、B 组成的三列矩阵
cmap = colormap（target）	返回 target 指定的图形窗口、坐标区或图的颜色

利用调配矩阵设置颜色是很麻烦的。为了使用方便，MATLAB 提供了几种常用的色图。表 3-21 给出了这些色图名称及调用函数。

表 3-21 色图及调用函数

调用函数	色图名称	调用函数	色图名称
autumn	红色黄色阴影色图	jet	hsv 的一种变形（以蓝色开始和结束）
bone	带一点蓝色的灰度色图	lines	线性色图
colorcube	增强立方色图	pink	粉红色图
cool	青红浓淡色图	prism	光谱色图
copper	线性铜色	spring	洋红黄色阴影色图
flag	红、白、蓝、黑交错色图	summer	绿色黄色阴影色图
gray	线性灰度色图	white	全白色图
hot	黑、红、黄、白交错色图	winter	蓝色绿色阴影色图
hsv	色彩饱和色图（以红色开始和结束）		

这个命令在三维绘图时用得比较多，在这里我们不再举例。

第4章

三维绘图

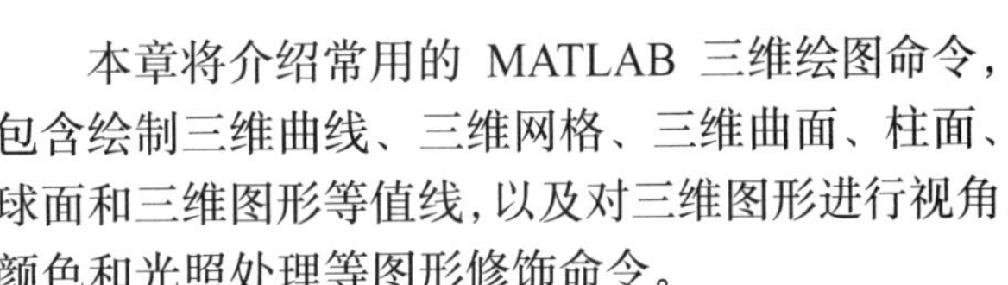

本章将介绍常用的 MATLAB 三维绘图命令，包含绘制三维曲线、三维网格、三维曲面、柱面、球面和三维图形等值线，以及对三维图形进行视角、颜色和光照处理等图形修饰命令。

4.1 三维绘图

MATLAB 三维绘图涉及的问题比二维绘图多。比如是三维曲线绘图还是三维曲面绘图；三维曲面绘图中，是曲面网线绘图还是曲面色图；绘图坐标数据是如何构造的；什么是三维曲面的观察角度等。用于三维绘图的 MATLAB 高级绘图函数中，对于上述许多问题都设置了默认值，应尽量使用默认值，必要时认真阅读联机帮助。

为了显示三维图形，MATLAB 提供了各种各样的函数。有一些函数可在三维空间中画线，而另一些可以画曲面与线格框架。另外，颜色可以用来代表第四维。当颜色以这种方式使用时，不但它不再具有像照片中那样显示色彩的自然属性，而且也不具有基本数据的内在属性，所以把它称作为彩色。本章主要介绍三维图形的作图方法和效果。

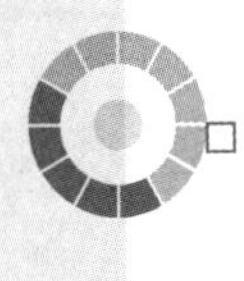

4.1.1 三维曲线绘图命令

（1）plot3 命令

plot3 命令是二维绘图 plot 命令的扩展，因此它们的使用格式也基本相同，只是在参数中多加了一个第三维的信息。例如 plot(x,y,s)与 plot3(x,y,z,s)的意义是一样的，前者绘的是二维图，后者绘的是三维图，后面的参数 s 都是用来控制曲线的类型、粗细、颜色等。因此，这里我们就不给出它的具体使用格式了，读者可以按照 plot 命令的格式来学习。下面给出一个例子。

例 4-1： 画出下面的圆锥螺线的图像：

$$\begin{cases} x = t\cos t \\ y = t\sin t \qquad t \in [0,10\pi] \\ z = t \end{cases}$$

解：在 MATLAB 命令行窗口中输入如下命令：

```
>> close all        %关闭当前已打开的文件
>> clear            %清除工作区的变量
>> t=linspace(0,10*pi,1000);        %定义取值范围和取值点
>> x=t.*cos(t);         %定义参数函数
>> y=t.*sin(t);
>> z=t;
>> plot3(x,y,z,'r')          %以红色线条绘制参数函数的图形
>> title('圆锥螺线')          %添加标题
>> xlabel('tcos(t) '),ylabel('tsin(t) '),zlabel('t')          %添加坐标轴标注
```

运行结果如图 4-1 所示。

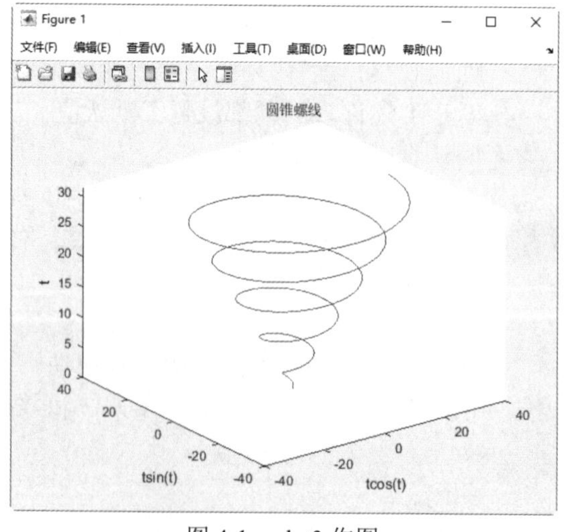

图 4-1 plot3 作图

（2）fplot3 命令

同二维情况一样，三维绘图里也有一个专门绘制符号函数的命令 fplot3，该命令的调用格式见表 4-1。

表 4-1 fplot3 命令的调用格式

调用格式	说明
fplot3(x,y,z)	在系统默认的区域，$x \in (-2\pi, 2\pi), y \in (-2\pi, 2\pi)$ 中画出空间曲线 $x = x(t), y = y(t), z = z(t)$ 的图形
fplot3 (x,y,z,[a,b])	绘制上述参数曲线在区域 $x \in (a, b), y \in (a, b)$ 上的三维网格图
fplot3 (…,LineSpec)	设置线型、标记符号和线条颜色
fplot3 (…,Name,Value)	使用一个或多个名称-值对参数指定线条属性
fplot3 (ax,…)	将图形绘制到 ax 指定的坐标区中，而不是当前坐标区中
fp= fplot3 (…)	返回 ParameterizedFunctionLine 对象

用这条命令绘制例 4-1 的参数曲线时，只需输入下面的命令即可：

```
>> syms t      %定义符号变量
>> x=t*cos(t);   %定义参数函数表达式
>> y=t*sin(t);
>> z=t;
>> fplot3(x,y,z,[0,10*pi])           %绘制参数曲线
>> title('参数曲线')         %添加标题
>> xlabel('tcos(t)'),ylabel('tsin(t)'),zlabel('t')          %添加坐
标轴标注
```

运行结果如图 4-2 所示。

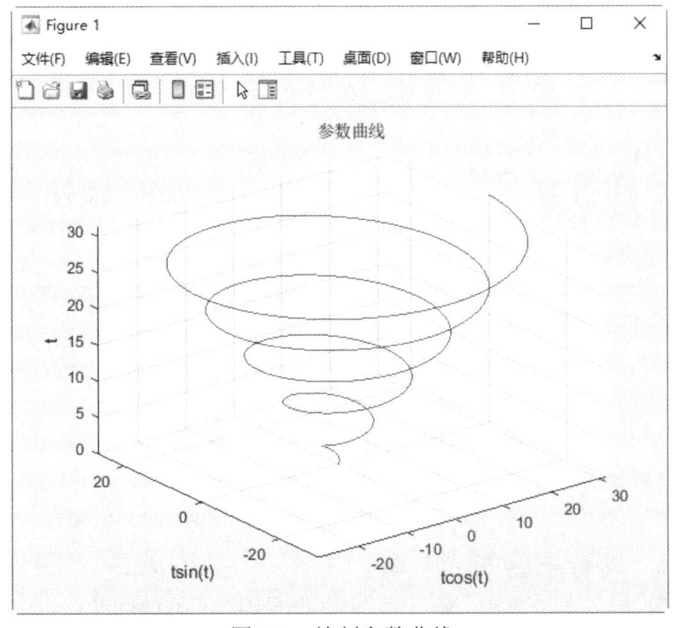

图 4-2 绘制参数曲线

4.1.2 三维网格命令

（1）mesh 命令

该命令生成的是由 X、Y 和 Z 指定的网线面，而不是单根曲线，它的主要调用格式见表 4-2。

表 4-2　mesh 命令的调用格式

调用格式	说明
mesh(X,Y,Z)	绘制三维网格图，颜色和曲面的高度相匹配。若 X 与 Y 均为向量，且 length(X)=n，length(Y)=m，而[m,n]=size(Z)，空间中的点（X(j),Y(i),Z(i,j)）为所画曲面网线的交点；若 X 与 Y 均为矩阵，则空间中的点（X(i,j),Y(i,j),Z(i,j)）为所画曲面的网线的交点
mesh(Z)	生成的网格图满足 X =1：n 与 Y=1：m，[n,m] = size(Z)，其中 Z 为定义在矩形区域上的单值函数
mesh(Z,c)	同 mesh(Z)，并进一步由 c 指定边的颜色
mesh(ax,…)	将图形绘制到 ax 指定的坐标区中，而不是当前坐标区中
mesh (…,'PropertyName', PropertyValue, …)	对指定的属性 PropertyName 设置属性值 PropertyValue,可以在同一语句中对多个属性进行设置
h = mesh(…)	返回图形对象句柄

在给出例题之前，先来学一个非常常用的命令 meshgrid，它用来生成二元函数 $z=f(x,y)$ 中 xy 平面上的矩形定义域中数据点矩阵 X 和 Y，或者是三元函数 $u=f(x,y,z)$中立方体定义域中的数据点矩阵 X、Y 和 Z。它的调用格式也非常简单，见表 4-3。

表 4-3　meshgrid 命令的调用格式

调用格式	说明
[X,Y] = meshgrid(x,y)	向量 X 为 xy 平面上矩形定义域的矩形分割线在 x 轴的值，向量 Y 为 xy 平面上矩形定义域的矩形分割线在 y 轴的值。输出向量 X 为 xy 平面上矩形定义域的矩形分割点的横坐标值矩阵，输出向量 Y 为 xy 平面上矩形定义域的矩形分割点的纵坐标值矩阵
[X,Y] = meshgrid(x)	等价于形式 [X,Y] = meshgrid(x,x)
[X,Y,Z] = meshgrid(x,y,z)	向量 X 为立方体定义域在 x 轴上的值，向量 Y 为立方体定义域在 y 轴上的值，向量 Z 为立方体定义域在 z 轴上的值。输出向量 X 为立方体定义域中分割点的 x 轴坐标值，输出向量 Y 为立方体定义域中分割点的 y 轴坐标值,输出向量 Z 为立方体定义域中分割点的 z 轴坐标值
[X,Y,Z] =meshgrid(x)	等价于形式[X,Y,Z] = meshgrid(x,x,x)

下面来看几个具体的例子。

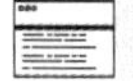

例 4-2：　绘制马鞍面 $z=-x^4+y^4-x^2-y^2-2xy$。

解：在 MATLAB 命令行窗口中输入如下命令：

```
>> close all        %关闭已打开的所有文件
>> clear      %清空工作区的变量
>> x=-4:0.25:4;       %定义 x 和 y 的取值点和取值范围
>> y=x;
```

```
>> [X,Y]=meshgrid(x,y);   % 基于向量 x 和 y 中包含的坐标返回二维网格坐标
>> Z=-X.^4+Y.^4-X.^2-Y.^2-2*X*Y;        %定义函数表达式
>> mesh(Z)      %以 Z 中元素的列索引和行索引用作 x 坐标和 y 坐标创建网格图
>> title('马鞍面')           %添加标题
>> xlabel('x'),ylabel('y'),zlabel('z')         %添加坐标轴标注
```

运行结果如图 4-3 所示。

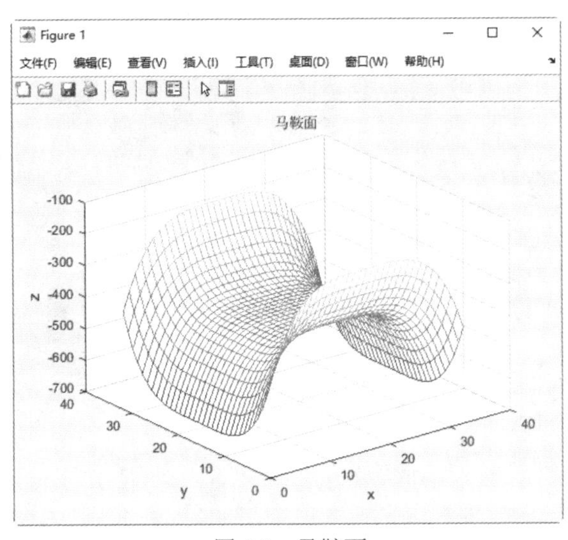

图 4-3　马鞍面

对于一个三维网格图，有时用户不想显示背后的网格，这时可以利用 hidden 命令实现这种要求。它的调用格式见表 4-4。

表 4-4　hidden 命令的调用格式

调用格式	说明
hidden on	将网格设为不透明状态
hidden off	将网格设为透明状态
hidden(ax,…)	修改由 ax 指定的坐标区而不是当前坐标区上的曲面对象
hidden	在 on 与 off 之间切换

例 4-3：在 MATLAB 中，提供了一个演示函数 peaks，它是用来产生一个山峰曲面的函数，利用它画两个图，一个不显示其背后的网格，一个显示其背后的网格。

解：在 MATLAB 命令行窗口中输入如下命令：

```
>> close all       %关闭已打开的所有文件
>> clear      %清空工作区的变量
>> t=-4:0.1:4;           %定义取值范围和取值点
>> [X,Y]=meshgrid(t);          %基于向量 t 中包含的坐标返回方形网格坐标
>> Z=peaks(X,Y);         %在给定的网格坐标处计算函数值，并返回大小相同的矩阵
>> subplot(1,2,1)          %将视图分割为 1 行 2 列两个窗口，显示第一个视窗
>> mesh(X,Y,Z),hidden on          %创建网格图，并消除网格图中的隐线，此时网
```

```
格后面的线条会被网格前面的线条遮住
>> title('不显示网格')          %添加标题
>> subplot(1,2,2)          %显示第二个视窗
>> mesh(X,Y,Z),hidden off  %创建网格图，并禁用网格图中的隐线，此时可看见网格后面的线条
>> title('显示网格')        %添加标题
```

运行结果如图 4-4 所示。

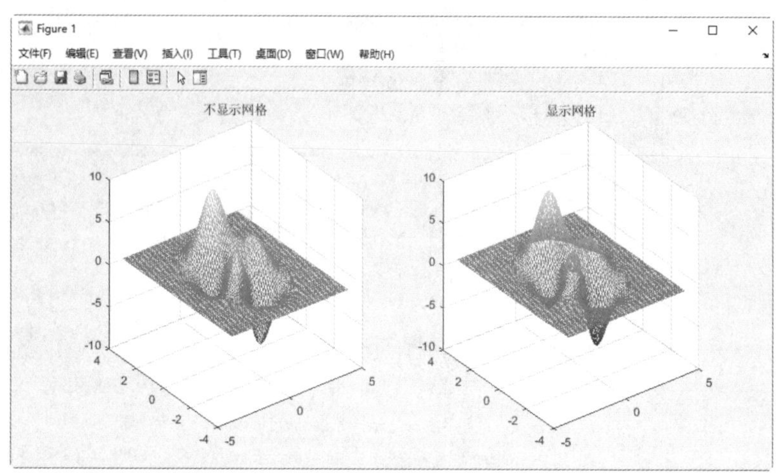

图 4-4　peaks 作图

MATLAB 还有两个同类的函数：meshc 与 meshz。meshc 用来画图形的网格图加基本的等高线图，meshz 用来画图形的网格图与零平面的网格图。

例 4-4：　分别用 plot3、mesh、meshc 和 meshz 画出下面函数的曲面图形。

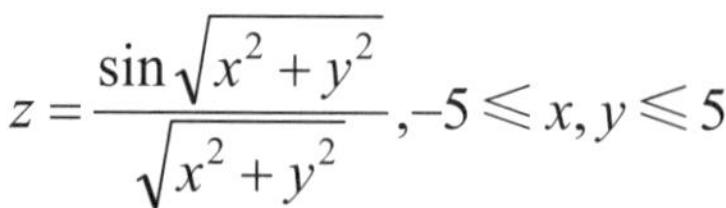

$$z=\frac{\sin\sqrt{x^2+y^2}}{\sqrt{x^2+y^2}},-5\leqslant x,y\leqslant 5$$

解：在 MATLAB 命令行窗口中输入如下命令：

```
>> close all        %关闭已打开的所有文件
>> clear        %清空工作区的变量
>> x=-5:0.1:5;        %定义取值范围和取值点
>> [X,Y]=meshgrid(x);        %基于向量 x 中包含的坐标返回方形网格坐标
>> Z=sin(sqrt(X.^2+Y.^2))./sqrt(X.^2+Y.^2);        %定义函数表达式
>> subplot(2,2,1)        %将视图分割为 2 行 2 列四个窗口，显示第一个视窗
>> plot3(X,Y,Z)        %使用 plot3 命令绘制三维图
>> title('plot3 作图')        %添加标题
>> subplot(2,2,2)        %显示第二个视窗
>> mesh(X,Y,Z)        %绘制有实色边颜色，无面颜色的三维网格曲面图
>> title('mesh 作图')        %添加标题
```

```
>> subplot(2,2,3)          %显示第三个视窗
>> meshc(X,Y,Z)          %创建一个网格曲面图，并在其下方绘制等高线图
>> title('meshc 作图')     %添加标题
>> subplot(2,2,4)          %显示第四个视窗
>> meshz(X,Y,Z)          %创建一个周围有帷幕的三维网格曲面图
>> title('meshz 作图')     %添加标题
```

运行结果如图 4-5 所示。

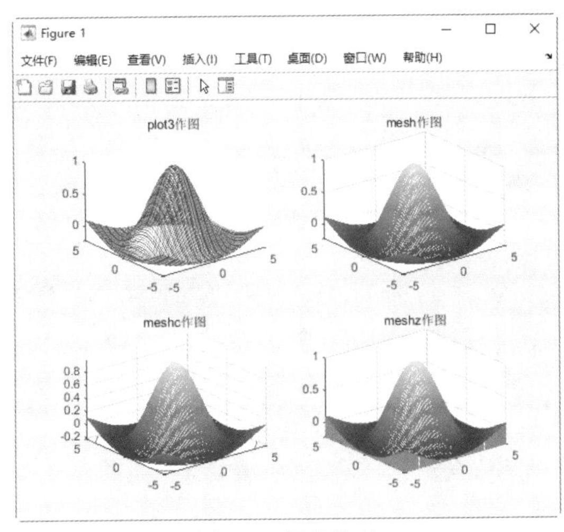

图 4-5　图像比较

（2）fmesh 命令

该命令专门用来绘制符号函数 $f(x,y)$（即 f 是关于 x、y 的数学函数的字符串表示）的网格图形，它的调用格式见表 4-5。

表 4-5　fmesh 命令的调用格式

调用格式	说明
fmesh(f)	绘制表达式 f (x,y)在 x 和 y 的默认区间[-5 5]内的三维网格图
fmesh (f,xyinterval)	绘制 f 在指定区域 xyinterval 内的三维网格图。要对 x 和 y 使用相同的区间，将 xyinterval 指定为 [min max]形式的二元素向量；要使用不同的区间，则指定[xmin xmax ymin ymax]形式的四元素向量
fmesh (funx,funy,funz)	绘制参数曲面 x=funx(u,v)、y=funy(u,v)、z=funz(u,v)在系统默认的区域[-5 5]（对于 u 和 v）内的三维网格图
fmesh (funx,funy,funz,uvinterval)	在指定区间 uvinterval 内绘制参数曲面 x=funx(u,v)、y=funy(u,v)、z=funz(u,v)的三维网格图。要对 u 和 v 使用相同的区间，将 uvinterval 指定为 [min max]形式的二元素向量；要使用不同的区间，则指定 [umin umax vmin vmax]形式的四元素向量
fmesh(⋯,LineSpec)	设置网格的线型、标记符号和颜色
fmesh(⋯,Name,Value)	使用一个或多个名称-值对参数指定网格的属性
fmesh(ax,⋯)	将图形绘制到 ax 指定的坐标区中，而不是当前坐标区 gca 中
fs = fmesh(⋯)	返回 FunctionSurface 对象或 ParameterizedFunctionSurface 对象，具体情况取决于输入

例 4-5： 画出下面函数的三维网格表面图：

$$f(x,y)=e^{y}\sin x+e^{x}\cos y(-\pi<x,y<\pi)$$

解：在 MATLAB 命令行窗口中输入如下命令：

```
>> close all          %关闭打开的文件
>> syms x y           %定义符号变量
>> f=sin(x)*exp(y)+cos(y)*exp(x);      %定义符号表达式
>> fmesh(f,[-pi,pi])       %在指定区间绘制表达式的三维网格图
>> title('带网格线的三维表面图')        %添加标题
```

运行结果如图 4-6 所示。

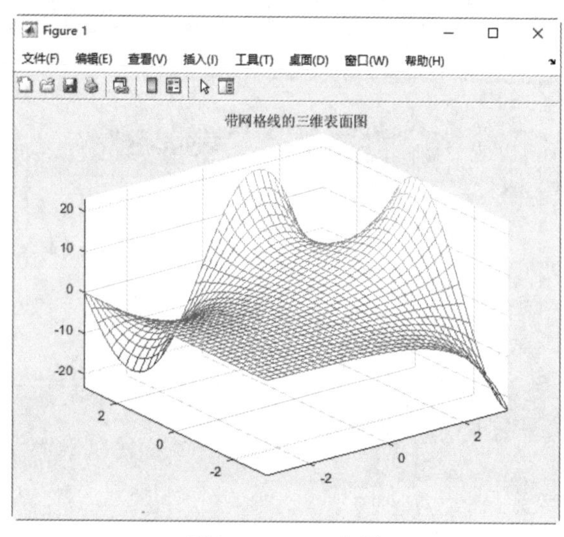

图 4-6 fmesh 作图

4.1.3 三维曲面命令

曲面图是在网格图的基础上，在小网格之间用颜色填充。它的一些特性正好和网格图相反，它的线条是黑色的，线条之间有颜色；而在网格图里，线条之间是黑色的，而线条有颜色。在曲面图里，人们不必考虑像网格图一样隐蔽线条，但要考虑用不同的方法对表面加色彩。

（1）surf 命令

surf 命令的调用格式与 mesh 命令完全一样，这里就不再详细说明了，读者可以参考 mesh 命令的调用格式。下面给出几个例子：

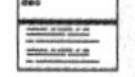

例 4-6：利用 MATLAB 内部函数 surf 绘制山峰表面图。

解：在 MATLAB 命令行窗口中输入如下命令：

```
>> close all          %关闭所有打开的文件
>> [X,Y,Z]=peaks(30);     %返回一个 30×30 的矩阵 Z，以及用于参数绘图的矩阵
```

```
X和Y
>> surf(X,Y,Z)          %创建具有实色边和实色面的三维曲面图
>> title('山峰表面')         %添加标题
>> xlabel('x-axis'),ylabel('y-axis'),zlabel('z-axis')     %添加坐标轴标签
>> grid        %切换主网格线的可见性
```

运行结果如图 4-7 所示。

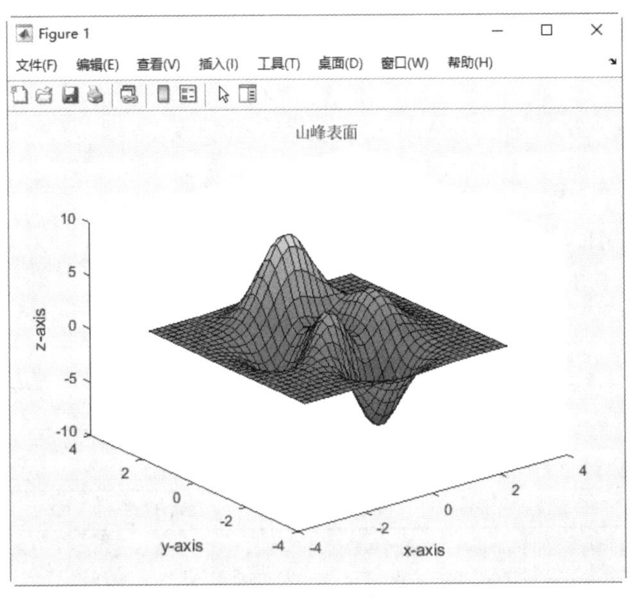

图 4-7 surf 作图

小技巧 **如果读想查看曲面背后图形的情况，可以在曲面的相应位置打个洞孔，即将数据设置为 NaN，所有的 MATLAB 作图函数都忽略 NaN 的数据点，在该点出现的地方留下一个洞孔，见例 4-7。**

例 4-7： 观察山峰曲面在 $x \in (-0.6,0.5), y \in (0.8,1.2)$ 时曲面背后的情况。

解：在 MATLAB 命令行窗口中输入如下命令：

```
>> close all        %关闭所有打开的文件
>> [X,Y,Z]=peaks(30); %返回一个 30×30 的矩阵 Z，以及用于参数绘图的矩阵 X 和 Y
>> x=X(1,:);          %将矩阵 X 的第一行赋值给 x
>> y=Y(:,1);  %将矩阵 Y 的第一行赋值给 y
>> i=find(y>0.8 & y<1.2);         %在 y 中查找满足指定条件的元素
>> j=find(x>-.6 & x<.5);          %在 x 中查找满足指定条件的元素
>> Z(i,j)=nan*Z(i,j);          %创建所有值均为 NaN 的数组
>> surf(X,Y,Z);         %绘制三维曲面图
```

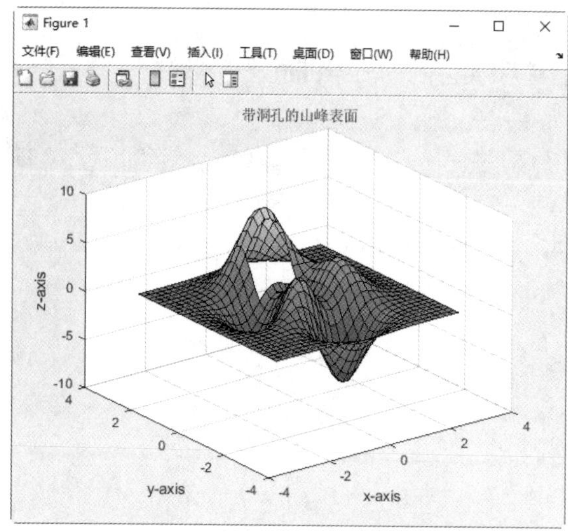

图 4-8 带洞孔的山峰表面图

```
>> title('带洞孔的山峰表面');  %添加标题
>> xlabel('x-axis'), ylabel('y-axis'),zlabel('z-axis')  %添加坐标轴标注
```

运行结果如图 4-8 所示。

与 mesh 命令一样，surf 也有两个同类的命令：surfc 与 surfl。surfc 用来画出有基本等值线的曲面图；surfl 用来画出一个有亮度的曲面图。它的用法本书会在后面讲到。

（2）fsurf 命令

该命令专门用来绘制符号函数 $f(x,y)$（即 f 是关于 x、y 的数学函数的字符串表示）的表面图形，它的调用格式见表 4-6。

表 4-6 fsurf 命令的调用格式

调用格式	说明
fsurf(f)	绘制函数 f(x,y)在系统默认区间[−5 5]内的三维表面图
fsurf (f,xyinterval)	绘制 f 在指定区域 xyinterval 内的三维曲面。要对 x 和 y 使用相同的区间，将 xyinterval 指定为 [min max] 形式的二元素向量；要使用不同的区间，则指定 [xmin xmax ymin ymax] 形式的四元素向量
fsurf (funx,funy,funz)	绘制参数曲面 x=funx(u,v)、y=funy(u,v)、z=funz(u,v)在系统默认的区域[-5 5]（对于 u 和 v）内的三维曲面
fsurf (funx,funy,funz, uvinterval)	在指定区间 uvinterval 内绘制参数曲面 x=funx(u,v)、y=funy(u,v)、z=funz(u,v)的三维曲面。要对 u 和 v 使用相同的区间，将 uvinterval 指定为 [min max] 形式的二元素向量；要使用不同的区间，则指定 [umin umax vmin vmax] 形式的四元素向量
fsurf (…,LineSpec)	设置线型、标记符号和曲面颜色
fsurf (…,Name,Value)	使用一个或多个名称-值对参数指定曲面的属性
fsurf (ax,…)	将图形绘制到 ax 指定的坐标区中，而不是当前坐标区 gca 中
fs = fsurf (…)	返回 FunctionSurface 对象或 ParameterizedFunctionSurface 对象，具体情况取决于输入

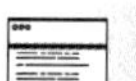

例 4-8： 画出下面参数曲面的图像：

$$\begin{cases} x = \sin(s+t) \\ y = \cos(s+t) \\ z = \sin s + \cos t \end{cases} \quad -\pi < s,t < \pi$$

解：在 MATLAB 命令行窗口中输入如下命令：

```
>> close all      %关闭所有打开的文件
>> syms s t       %定义符号变量
>> x=sin(s+t);        %定义符号表达式
>> y=cos(s+t);
>> z=sin(s)+cos(t);
>> fsurf(x,y,z,[-pi,pi])         %在指定区间绘制参数曲面的图形
```

```
>> title('符号函数曲面图')          %添加标题
```

运行结果如图 4-9 所示。

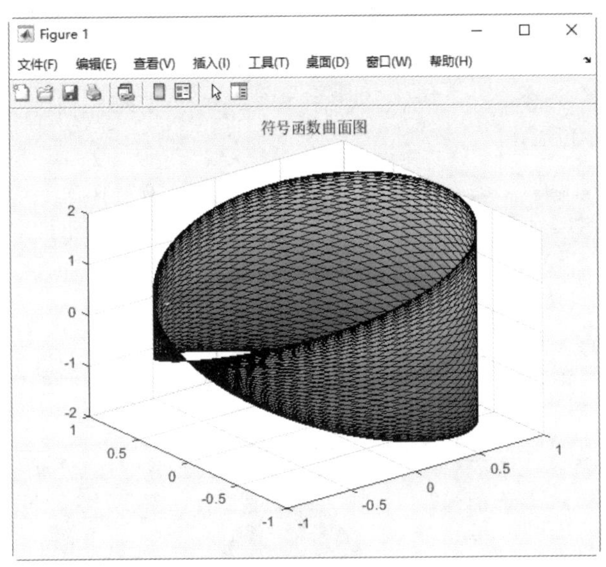

图 4-9　fsurf 作图

4.1.4　柱面与球面

在 MATLAB 中，有专门绘制柱面与球面的命令 cylinder 与 sphere，它们的调用格式非常简单。首先来看 cylinder 命令，它的调用格式见表 4-7。

表 4-7　cylinder 命令的调用格式

调用格式	说明
[X,Y,Z] = cylinder	返回一个半径为 1、高度为 1 的圆柱体的 *x* 轴、*y* 轴、*z* 轴的坐标值，圆柱体的圆周有 20 个距离相同的点
[X,Y,Z] = cylinder(r,n)	返回一个半径为 r、高度为 1 的圆柱体的 *x* 轴、*y* 轴、*z* 轴的坐标值，圆柱体的圆周上有指定的 n 个距离相同的点
[X,Y,Z] = cylinder(r)	与[X,Y,Z] = cylinder(r,20)等价
cylinder(axes_handle,…)	将图形绘制到带有句柄 axes_handle 的坐标区中，而不是当前坐标区（gca）中
cylinder(…)	没有任何的输出参量，直接画出圆柱体

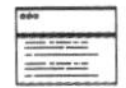

例 4-9：　画出一个半径变化的柱面。

解：在 MATLAB 命令行窗口中输入如下命令：

```
>> close all        %关闭所有打开的文件
>> t=0:pi/10:2*pi;           %定义取值范围和取值点
>> [X,Y,Z]=cylinder(2+cos(t),30);      %基于剖面曲线返回圆柱的 x、y 和 z
```

```
坐标。该圆柱绕其周长有 30 个等距点
>> surf(X,Y,Z)           %绘制三维曲面图
>> axis square           %调整数据单位之间的增量，使用相同长度的坐标轴线
>> xlabel('x-axis'),ylabel('y-axis'),zlabel('z-axis')            % 添加坐标轴标注
```

运行结果如图 4-10 所示。

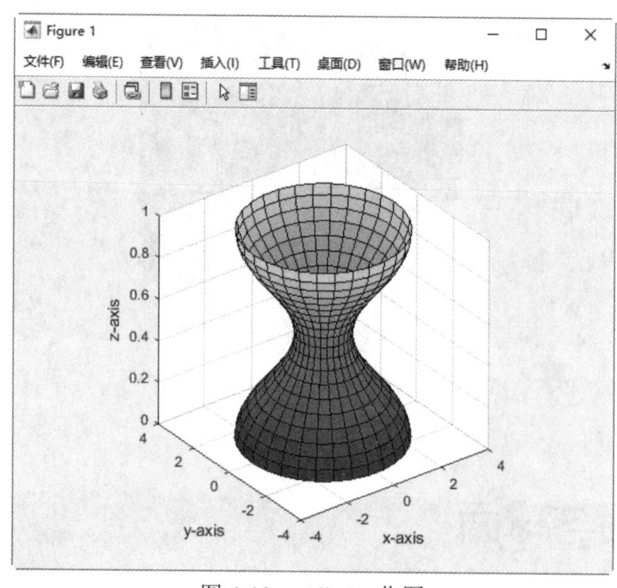

图 4-10 cylinder 作图

小技巧 用 cylinder 可以作棱柱的图形，例如运行 cylinder(2,6)将绘出底面为正六边形、半径为 2 的棱柱。

sphere 命令用来生成三维直角坐标系中的球面，它的调用格式见表 4-8。

表 4-8 sphere 命令的调用格式

调用格式	说明
sphere	绘制单位球面，该单位球面由 20×20 个面组成
sphere(n)	在当前坐标系中画出由 $n \times n$ 个面组成的球面
sphere(ax,…)	在由 ax 指定的坐标区中，而不是在当前坐标区 g（a）中创建球形
[X,Y,Z]=sphere(n)	在三个大小为（n+1）×（n+1）的矩阵中返回 n×n 球面的坐标

例 4-10： 比较由 64 个面组成的球面与由 400 个面组成的球面。

解： 在 MATLAB 命令行窗口中输入如下命令：

```
>> close all          %关闭打开的文件
>> [X1,Y1,Z1]=sphere(8);            %返回 8×8 球面的坐标
>> [X2,Y2,Z2]=sphere(20);     %返回 20×20 球面的坐标
```

```
>> subplot(1,2,1)         %将视图分割为 1 行 2 列两个视窗，显示第一个视窗
>> surf(X1,Y1,Z1)         %绘制第一个球面
>> axis equal      %沿每个坐标轴使用相同的数据单位长度
>> title('64 个面组成的球面')        %添加标题
>> subplot(1,2,2)         %显示第二个视窗
>> surf(X2,Y2,Z2)         %绘制第二个球面
>> title('400 个面组成的球面')          %添加标题
>> axis equal      %沿每个坐标轴使用相同的数据单位长度
```

运行结果如图 4-11 所示。

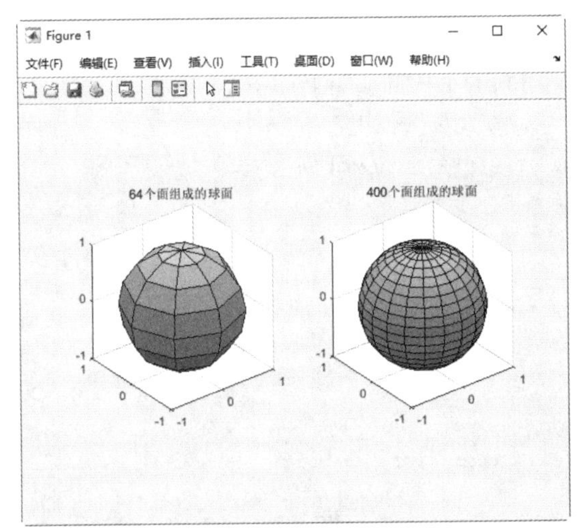

图 4-11　sphere 作图

4.1.5　三维图形等值线

在军事、地理等学科中经常会用到等值线。在 MATLAB 中有许多绘制等值线的命令，这里主要介绍以下几个。

（1）contour3 命令

contour3 是三维绘图中最常用的绘制等值线的命令，该命令生成一个定义在矩形格栅上曲面的三维等值线图，它的调用格式见表 4-9。

表 4-9　contour3 命令的调用格式

调用格式	说明
contour3(Z)	画出三维空间角度观看矩阵 Z 的等值线图，其中 Z 的元素被认为是距离 *xy* 平面的高度，矩阵 Z 至少为 2 阶的。等值线的条数与高度是自动选择的。若[m,n]=size(Z)，则 *x* 轴的范围为[1,n]，*y* 轴的范围为[1,m]
contour3(x,y,z)	画出指定 x 和 y 坐标的 z 的等值线的三维等高线图
contour3(…,levels)	将要显示的等高线指定为上述任一语法中的最后一个参数。将 levels 指定为标量值 *n*，以在 *n* 个自动选择的层级（高度）上显示等高线
contour3(…,LineSpec)	指定等高线的线型和颜色

续表

调用格式	说明
contour3(…,Name,Value)	使用一个或多个名称-值对参数指定等高线图的其他选项
contour3(ax,…)	在指定的坐标区中显示等高线图
M = contour3(…)	返回包含每个层级的顶点的 (x, y) 坐标的等高线矩阵
[M,c] = contour3(…)	返回等高线矩阵和等高线对象 c，显示等高线图后，使用 c 设置属性

例 4-11：绘制山峰函数 peaks 的等值线图。

解：在 MATLAB 命令行窗口中输入如下命令：

```
>> close all      %关闭打开的文件
>> [x,y,z]=peaks(30);    %返回 30×30 的方阵坐标 z，以及用于参数绘图的矩阵 X 和 Y
>> contour3(x,y,z);      %以 x 和 y 为坐标绘制 z 的三维等高线图
>> title('山峰函数等值线图');      %添加标题
>> xlabel('x-axis'),ylabel('y-axis'),zlabel('z-axis')      %添加坐标轴标注
```

运行结果如图 4-12 所示。

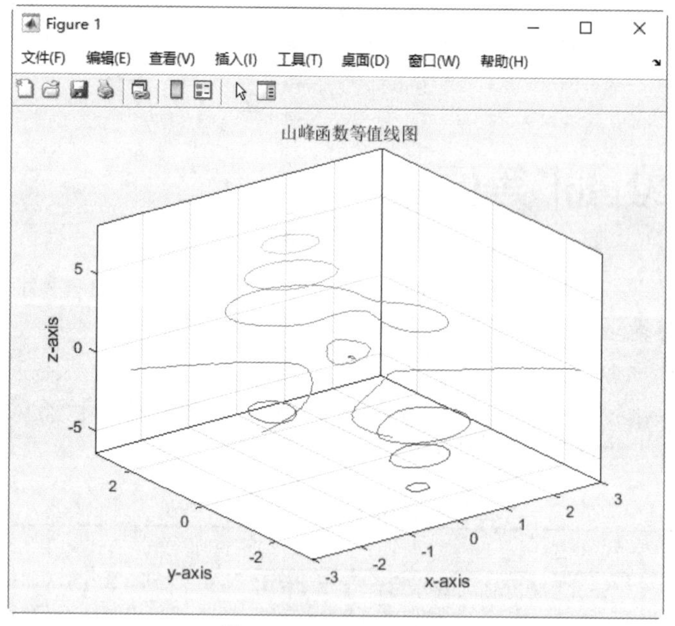

图 4-12　contour3 作图

（2）contour 命令

contour3 用于绘制二维图时就等价于 contour，后者用来绘制二维等值线，可以看作是一个三维曲面向 *xy* 平面上的投影，它的使用格式见表 4-10。

表 4-10 contour 命令的使用格式

调用格式	说明
contour(Z)	把矩阵 Z 中的值作为一个二维函数的值，等值线是一个平面的曲线，平面的高度 v 是 MATLAB 自动选取的
contour(X,Y,Z)	(X,Y)是平面 Z=0 上点的坐标矩阵，Z 为相应点的高度值矩阵
contour(…,levels)	将要显示的等高线指定为上述任一语法中的最后一个参数。将 levels 指定为标量值 *n*，以在 *n* 个自动选择的层级（高度）上显示等高线
contour(…,LineSpec)	指定等高线的线型和颜色
contour(…,Name,Value)	使用一个或多个名称-值对参数指定等高线图的其他选项
contour(ax,…)	在指定的坐标区中显示等高线图
M = contour(…)	返回包含每个层级的顶点的 (x, y) 坐标的等高线矩阵
[M,c] = contour(…)	返回等高线矩阵和等高线对象 c，显示等高线图后，使用 c 设置属性

例 4-12： 画出曲面 $z = xe^{-\cos x - \sin y}$ 在 $x \in [-2\pi, 2\pi]$、$y \in [-2\pi, 2\pi]$ 的图形及其在 xy 平面的等值线图。

解：在 MATLAB 命令行窗口中输入如下命令：

```
>> close all        %关闭打开的文件
>> x=linspace(-2*pi,2*pi,100);      %定义取值范围和 100 个取值点
>> y=x;
>> [X,Y]=meshgrid(x,y);      %基于向量 x 和 y 中包含的坐标返回二维网格坐标
>> Z=X.*exp(-cos(X) -sin(Y));      %定义函数表达式
>> subplot(1,2,1);         %将视图分割为 1 行 2 列两个视窗，显示第一个视窗
>> surf(X,Y,Z);        %绘制三维曲面图
>> title('曲面图像');        %添加标题
>> subplot(1,2,2);         %显示第二个视窗
>> contour(X,Y,Z);         %以 X 和 Y 为坐标绘制 Z 的等高线图
>> title('二维等值线图')         %添加标题
```

运行结果如图 4-13 所示。

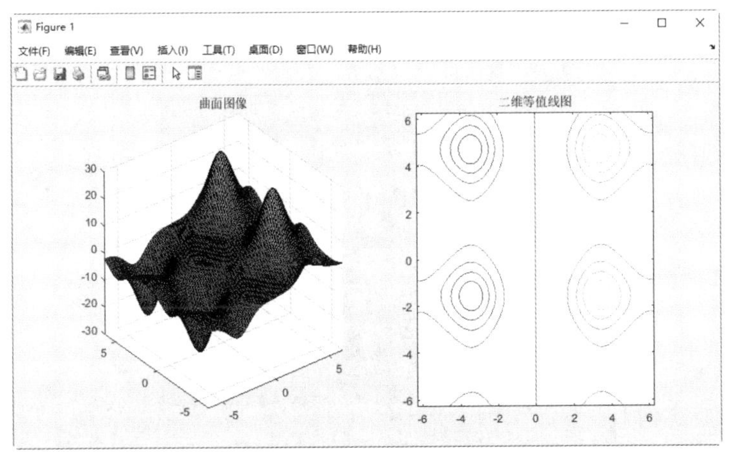

图 4-13 contour 作图

（3）contourf 命令

此命令用来填充二维等值线图，即先画出不同等值线，然后将相邻的等值线之间用同一颜色进行填充，填充用的颜色决定于当前的色图颜色。

contourf 命令的调用格式见表 4-11。

表 4-11　contourf 命令的调用格式

调用格式	说明
contourf(Z)	矩阵 Z 的等值线图，其中 Z 理解成距 *xy* 平面的高度矩阵。Z 至少为二阶的，等值线的条数与高度是自动选择的
contourf(X,Y,Z)	画出矩阵 Z 的等值线图，其中 X 与 Y 用于指定 *x* 轴与 *y* 轴的范围。若 X 与 Y 为矩阵，则必须与 Z 同型；若 X 或 Y 有不规则的间距，使用规则的间距计算等高线，然后将数据转变给 X 或 Y
contourf(…,levels)	将要显示的等高线指定为上述任一语法中的最后一个参数。将 levels 指定为标量值 *n*，以在 *n* 个自动选择的层级（高度）上显示等高线
contourf(…,LineSpec)	指定等高线的线型和颜色
contourf(…,Name,Value)	使用一个或多个名称-值对参数指定等高线图的其他选项
contourf(ax,…)	在指定的坐标区中显示等高线图
M = contourf(…)	返回包含每个层级的顶点的 (x, y) 坐标的等高线矩阵
[M,c] = contourf(…)	返回等高线矩阵和等高线对象 c

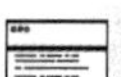

例 4-13： 画出山峰函数 peaks 的二维等值线图。

解：在 MATLAB 命令行窗口中输入如下命令：

```
>> close all        %关闭打开的文件
>> Z=peaks;         %生成一个 49×49 矩阵 Z
>> [C,h]=contourf(Z,10);     %在 10 个自动选择的层级（高度）上显示包含矩阵
Z 的等值线的填充等高线图，并返回等高线矩阵 C 和等高线对象 h
>> title('二维等值线图及颜色填充')          %添加标题
```

运行结果如图 4-14 所示。

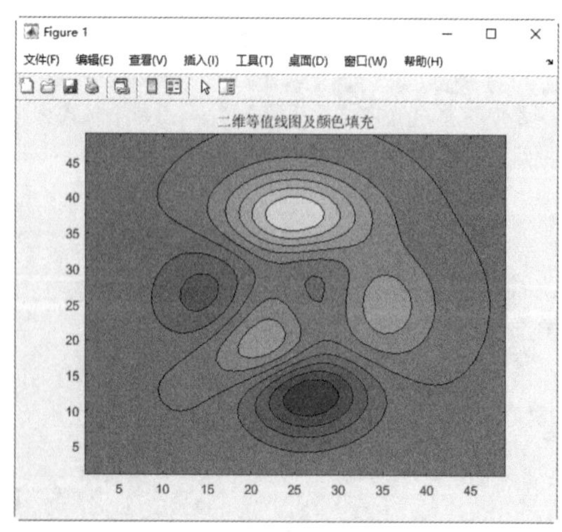

图 4-14　contourf 作图

(4) contourc 命令

该命令计算等值线矩阵 C，该矩阵可用于 contour、contour3 和 contourf 等命令。矩阵 Z 中的数值确定平面上的等值线高度值，等值线的计算结果用由矩阵 Z 维数决定的间隔的宽度。

contourc 命令的调用格式见表 4-12。

表 4-12 contourc 命令的调用格式

调用格式	说明
C = contourc(Z)	从矩阵 Z 中计算等值矩阵，其中 Z 的维数至少为二阶，等值线为矩阵 Z 中数值相等的单元，等值线的数目和相应的高度值是自动选择的
C = contourc(Z,n)	在矩阵 Z 中计算出 n 个高度的等值线
C = contourc(Z,v)	在矩阵 Z 中计算出给定高度向量 v 上的等值线，向量 v 的维数决定了等值线的数目。若只要计算一条高度为 a 的等值线，输入 contourc(Z,[a,a])
C = contourc(X,Y,Z)	在矩阵 Z 中，参量 X、Y 确定的坐标轴范围内，计算等值线
C = contourc(X,Y,Z,n)	在矩阵 Z 中，参量 X、Y 确定的坐标范围内，画出 n 条等值线
C = contourc(X,Y,Z,v)	在矩阵 Z 中，参量 X、Y 确定的坐标范围内，画在 v 指定的高度上的等值线

(5) clabel 命令

clabel 命令用来在二维等值线图中添加高度标签，它的调用格式见表 4-13。

表 4-13 clabel 命令的调用格式

调用格式	说明
clabel(C,h)	把标签旋转到恰当的角度，再插入到等值线中，只有等值线之间有足够的空间时才加入，这决定于等值线的尺度，其中 C 为等高矩阵
clabel(C,h,v)	在指定的高度 v 上显示标签 h
clabel(C,h,'manual')	手动设置标签。用户用鼠标左键或空格键在最接近指定的位置上放置标签，用键盘上的回车键结束该操作
t=clabel(C,h, 'manual')	返回创建的文本对象
clabel(C)	在从命令 contour 生成的等高矩阵 C 的位置上添加标签。此时标签的放置位置是随机的
clabel(C,v)	在给定的位置 v 上显示标签
clabel(C, 'manual')	允许用户通过鼠标来给等高线贴标签
tl = clabel(…)	返回创建的文本和线条对象
clabel(…,Name,Value)	使用一个或多个名称-值对参数修改标签外观

对调用格式需要说明的一点是，若命令中有 h，则会对标签进行恰当的旋转，否则标签会竖直放置，且在恰当的位置显示一个“+”号。

例 4-14： 绘制具有 5 个等值线的山峰函数 peaks，然后对各个等值线进行标注，并给所画的图加上标题。

解：在 MATLAB 命令行窗口中输入如下命令：

```
>> close all          %关闭打开的文件
>> Z=peaks;           %生成一个 49×49 矩阵 Z
>> [C,h]=contour(Z,5); %在 5 个自动选择的层级（高度）上显示矩阵 Z 的等高
```

线，并返回等高线矩阵 C 和等高线对象 h

```
>> clabel(C,h);     %旋转文本，在当前等高线图中的每条等高线中添加高程标签
>> title('等值线的标注')        %添加标题
```

运行结果如图 4-15 所示。

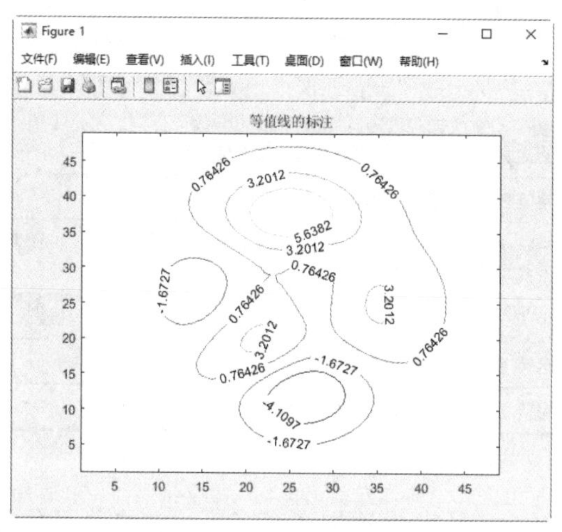

图 4-15　等值线的标注

（6）fcontour 命令

该命令专门用来绘制符号函数 $f(x,y)$（即 f 是关于 x、y 的数学函数的字符串表示）的等值线图，它的调用格式见表 4-14。

表 4-14　fcontour 命令的调用格式

调用格式	说明
fcontour (f)	绘制 f(x,y)在 x 和 y 的默认的区间[-5 5]和固定级别值的等值线图
fcontour (f,xyinterval)	绘制 f 在指定区域 xyinterval 内的三维曲面。要对 x 和 y 使用相同的区间，将 xyinterval 指定为 [min max] 形式的二元素向量；要使用不同的区间，则指定 [xmin xmax ymin ymax] 形式的四元素向量
fcontour(⋯,LineSpec)	设置等高线的线型和颜色
fcontour(⋯,Name,Value)	使用一个或多个名称-值对参数指定线条的属性
fcontour(ax,⋯)	将图形绘制到 ax 指定的坐标区中，而不是当前坐标区（gca）中
fc = fcontour(⋯)	返回 Function Contour 对象

例 4-15：　画出下面函数的等值线图

$$f(x,y)=\frac{\sin(x^2+y^2)}{x^2+y^2}\quad -\pi<x,y<\pi$$

解：在 MATLAB 命令行窗口中输入如下命令：

```
>> close all           %关闭打开的文件
>> syms x y        %定义符号变量
>> f=sin(x^2+y^2)/(x^2+y^2);        %定义函数表达式
```

```
>> fcontour(f,[-pi pi])      %在指定区间绘制函数的等高线
>> title('符号函数等值线图')         %添加标题
```

运行结果如图 4-16 所示。

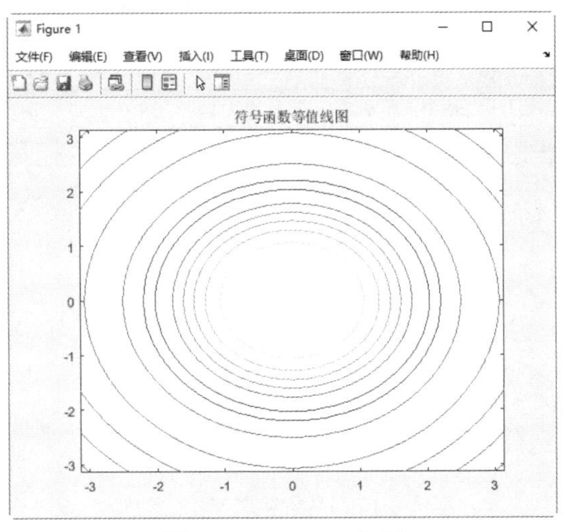

图 4-16　fcontour 作图

4.2　三维图形修饰处理

本节主要讲一些常用的三维图形修饰处理命令，在前文我们已经讲了一些二维图形修饰处理命令，这些命令在三维图形里同样适用。下面来看一下在三维图形里特有的图形修饰处理命令。

4.2.1　视角处理

在现实空间中，从不同角度或位置观察某一事物就会有不同的效果，即会有“横看成岭侧成峰”的感觉。三维图形表现的正是一个空间内的图形，因此在不同视角及位置都会有不同的效果，这在工程实际中也是经常遇到的。MATLAB 提供的 view 命令能够很好地满足这种需要。

view 命令用来控制三维图形的观察点和视角，它的调用格式见表 4-15。

对于这条命令需要说明的是，方位角 az 与仰角 el 为两个旋转角度。做一通过视点和 z 轴平行的平面，与 xy 平面有一交线，该交线与 y 轴的反方向的、按逆时针方向（从 z 轴的方向观察）计算的夹角就是观察点的方位角 az；若角度为负值，则按顺时针方向计算。在通过视点与 z 轴的平面上，用一直线连接视点与坐标原点，该直线与 xy 平面的夹角就是观察点的仰角 el；若仰角为负值，则观察点转移到曲面下面。

表 4-15 view 命令的调用格式

调用格式	说明
view(az,el)	给三维空间图形设置观察点的方位角 az 与仰角 el
view(v)	根据二元素或三元素数组 v 设置视线。二元素数组的值分别是方位角和仰角；三元素数组的值是从图框中心点到照相机位置所形成向量的 x、y 和 z 坐标
view(dim)	对二维(dim 为 2)或三维(dim 为 3)绘图使用默认视线
view(ax,…)	指定目标坐标区的视线
[az,el] = view(…)	返回当前的方位角 az 与仰角 el

例 4-16： 在同一窗口中绘制下面函数的各种视图。

$$z=\frac{\sin\sqrt{x^2+y^2}}{\sqrt{x^2+y^2}}\quad -5\leqslant x,y\leqslant 5$$

解：在 MATLAB 命令行窗口中输入如下命令：

```
>> close all              %关闭打开的文件
>> [X,Y]=meshgrid(-5:0.25:5);        %基于向量包含的坐标返回二维网格坐标
>> Z=sin(sqrt(X.^2+Y.^2))./sqrt(X.^2+Y.^2);       %定义函数表达式
>> subplot(2,2,1)          %将视图分割为 2 行 2 列四个窗口，显示第一个视窗
>> surf(X,Y,Z),title('三维视图')     %绘制三维曲面图，方位角默认为-37.5，仰角默认为 30，然后添加标题
>> subplot(2,2,2)          %显示第二个视窗
>> surf(X,Y,Z),view(90,0)   %绘制三维曲面图，然后设置方位角为 90°，即视图更改为沿 x 轴的侧视图
>> title('侧视图')          %添加标题
>> subplot(2,2,3)          %显示第三个视窗
>> surf(X,Y,Z),view(0,0)    %绘制三维曲面图，然后设置方位角和仰角均为 0°，即视图更改为沿 x 轴的正视图
>> title('正视图')          %添加标题
>> subplot(2,2,4)          %显示第四个视窗
>> surf(X,Y,Z),view(0,90)  %绘制三维曲面图，然后设置方位角为 0，仰角为 90，即视图更改为俯视图
>> title('俯视图')          %添加标题
```

运行结果如图 4-17 所示。

4.2.2 颜色处理

在前文我们介绍了 colormap 命令的主要用法，这里针对三维图形再讲几条处理颜色的命令。

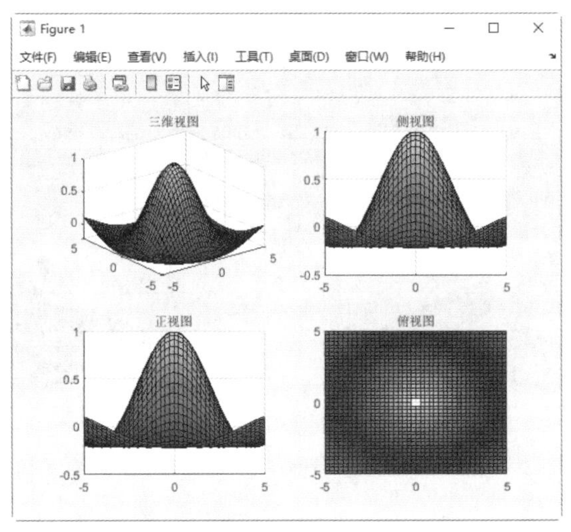

图 4-17 view 作图

（1）色图明暗控制命令

MATLAB 中，控制色图明暗的命令是 brighten，它的调用格式见表 4-16。

表 4-16 brighten 命令的调用格式

调用格式	说明
brighten(beta)	增强或减小色图的色彩强度。若 0<beta<1，则增强色图强度；若-1<beta<0，则减小色图强度
brighten(map,beta)	增强或减小指定为 map 的色图的色彩强度
newmap=brighten(…)	返回一个比当前色图增强或减弱的新的色图
brighten(f,beta)	变换为图窗 f 指定的色图的强度。其他图形对象（例如坐标区、坐标区标签和刻度）的颜色也会受到影响

例 4-17： 观察山峰函数的三种不同色图下的图形。

解：在 MATLAB 命令行窗口中输入如下命令：

```
>> close all              %关闭打开的文件
>> h1=figure;        %新建一个图窗，并返回该对象
>> surf(peaks);           %绘制山峰曲面图
>> title('当前色图')  %添加标题
>> h2=figure;        %新建一个图窗，并返回该对象
>> surf(peaks),brighten(-0.85) %绘制山峰曲面图，并减弱当前色图中所有颜色的强度
>> title('减弱色图')           %添加标题
>> h3=figure;        %新建一个图窗
>> surf(peaks),brighten(0.85) %绘制山峰曲面图，并增强当前色图中所有颜色的强度
>> title('增强色图')           %添加标题
```

运行结果会有三个图形窗口出现，每个窗口的图形如图 4-18 所示。

（2）色轴刻度

caxis 命令控制着对应色图的数据值的映射图。它通过将被变址的颜色数据（CData）与颜色数据映射（CDataMapping）设置为 scaled，影响着所有的表面、块、图形。该命令还改

变坐标轴图形对象的属性 Clim 与 ClimMode。

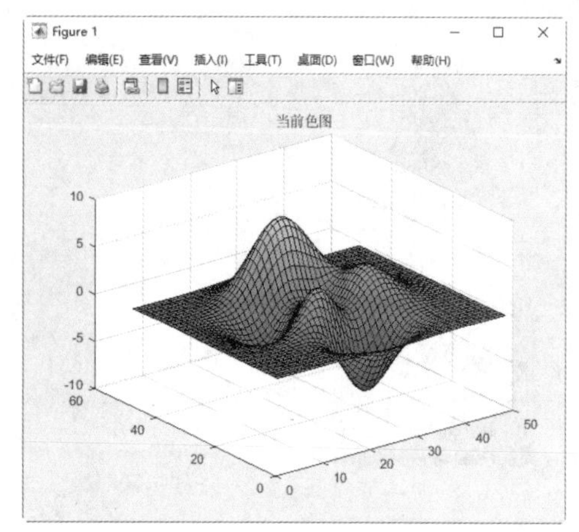

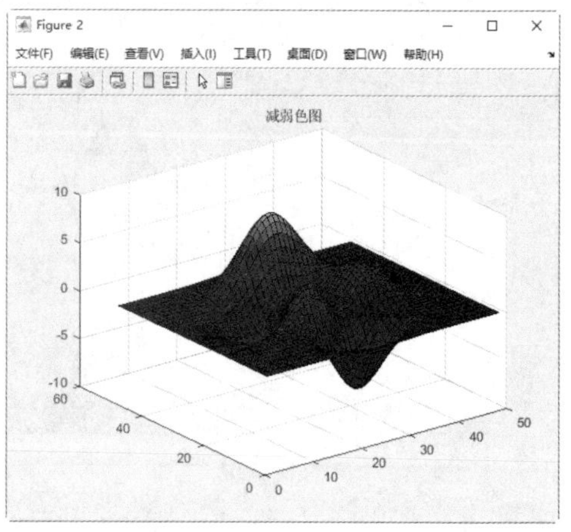

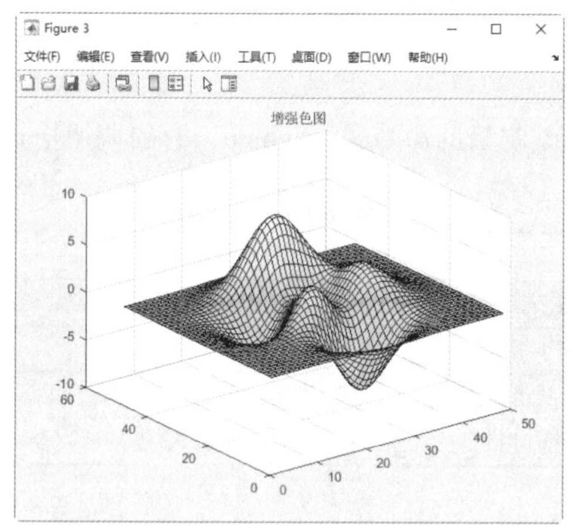

图 4-18　色图强弱对比

caxis 命令的调用格式见表 4-17。

表 4-17　caxis 命令的使用格式

调用格式	说明
caxis([cmin cmax])	将颜色的刻度范围设置为[cmin cmax]。数据中小于 cmin 或大于 cmax 的，将分别映射于 cmin 与 cmax；处于 cmin 与 cmax 之间的数据将线性地映射于当前色图
caxi('auto')	让系统自动地计算数据的最大值与最小值对应的颜色范围，这是系统的默认状态。数据中的 Inf 对应于最大颜色值；-Inf 对应于最小颜色值；带颜色值设置为 NaN 的面或边界将不显示
caxis('manual')	冻结当前颜色坐标轴的刻度范围。这样，当 hold 设置为 on 时，可使后面的图形命令使用相同的颜色范围
caxis(target,…)	为特定坐标区或图设置色图范围
v = caxis	返回一包含当前正在使用的颜色范围的二维向量 v=[cmin cmax]

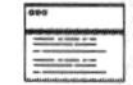

例 4-18：　创建一个球面，并将其顶端映射为颜色表里的最高值。

解：在 MATLAB 命令行窗口中输入如下命令：

```
>> close all        %关闭打开的文件
```

```
>> [X,Y,Z]=sphere;    %生成一个包含 20×20 个面的球面，并返回球面坐标
>> C=Z;     %将矩阵 Z 赋值给 C，作为颜色数组
>> subplot(1,2,1);          %将视图分割为 1 行 2 列两个窗口，显示第一个视窗
>> surf(X,Y,Z,C); %使用 C 指定的颜色数组创建具有实色边和实色面的三维曲面图
>> title('图 1');      %添加标题
>> axis equal %沿每个坐标轴使用相同的数据单位长度
>> subplot(1,2,2);    %显示第二个视窗
>> surf(X,Y,Z,C),caxis([-1 0]);    %使用 C 指定的颜色数组创建具有实色边和实色面的三维曲面图，然后设置当前坐标区的色图范围为[-1 0]
>> title('图 2')      %添加标题
>> axis equal %沿每个坐标轴使用相同的数据单位长度
```

运行结果如图 4-19 所示。

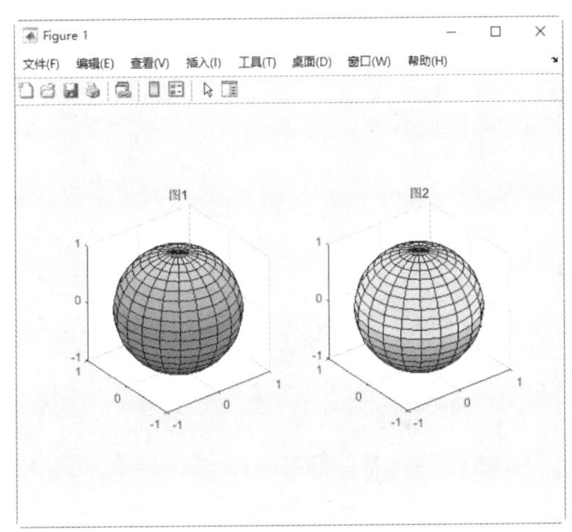

图 4-19　色轴控制图

在 MATLAB 中，还有一条画色轴的命令 colorbar，这条命令在图形窗口的工具条中有相应的图标。它在命令行窗口的调用格式见表 4-18。

表 4-18　**colorbar 命令的调用格式**

调用格式	说明
colorbar	在当前坐标区或图的右侧显示一个垂直色轴
colorbar(location)	在特定位置显示色轴
colorbar(…,Name,Value)	使用一个或多个名称-值对参数修改色轴外观
c=colorbar(…)	返回一个指向色轴的句柄
colorbar('off')	删除与当前坐标区或图关联的所有色轴
colorbar(target,…)	在 target 指定的坐标区或图上添加一个色轴

（3）颜色渲染设置

shading 命令用来控制曲面与补片等的图形对象的颜色渲染，同时设置当前坐标轴中的所有曲面与补片图形对象的属性 EdgeColor 与 FaceColor。

shading 命令的调用格式见表 4-19。

表 4-19　shading 命令的调用格式

调用格式	说明
shading flat	使网格图中的每一线段与每一小面有一相同颜色，该颜色由线段末端的颜色确定；或由小面的、有小型的下标或索引的四个角的颜色确定
shading faceted	用重叠的黑色网格线来达到渲染效果。这是默认的渲染模式
shading interp	在每一线段与小曲面上显示不同的颜色，该颜色为通过在每一线段两边或为不同小曲面之间的色图的索引或真颜色进行内插值得到的颜色
shading(axes_handle,...)	将着色类型应用于 axes_handle 指定的坐标区而非当前坐标区（gca）中的对象。使用函数形式时，可以使用单引号

例 4-19：　针对下面的函数比较三种调用格式得出图形的不同。

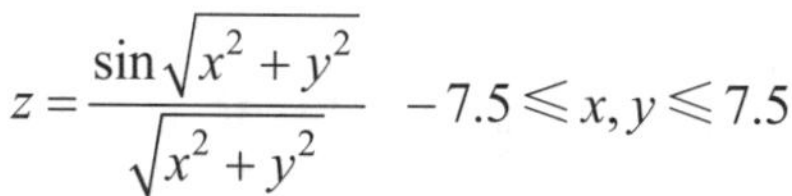

$$z=\frac{\sin\sqrt{x^2+y^2}}{\sqrt{x^2+y^2}}\quad -7.5\leqslant x,y\leqslant 7.5$$

解：在 MATLAB 命令行窗口中输入如下命令：

```
>> close all        %关闭打开的文件
>> [X,Y]=meshgrid(-7.5:0.5:7.5);        %基于指定的向量返回二维网格坐标
>> Z=sin(sqrt(X.^2+Y.^2))./sqrt(X.^2+Y.^2); %输入函数表达式
>> subplot(2,2,1);        %将视图分割为 2 行 2 列四个窗口，显示第一个视窗
>> surf(X,Y,Z);        %绘制三维曲面图，使用默认的着色模式
>> title('三维视图');        %添加标题
>> subplot(2,2,2), surf(X,Y,Z),shading flat;     %在第二个视窗中绘制三维曲面图，每个网格线段和面具有恒定颜色
>> title('shading flat');  %添加标题
>> subplot(2,2,3), surf(X,Y,Z),shading faceted;     %在第三个视窗中绘制三维曲面图，网格线使用单一、叠加的黑色，是默认的着色模式
>> title('shading faceted');        %添加标题
>> subplot(2,2,4) ,surf(X,Y,Z),shading interp; %在第四个视窗中绘制三维曲面图，通过插值改变线条或面的颜色
>> title('shading interp')        %添加标题
```

运行结果如图 4-20 所示。

4.2.3　光照处理

在 MATLAB 中绘制三维图形时，我们不仅可以画出带光照模式的曲面，还能在绘图时指定光线的来源。

（1）带光照模式的三维曲面

surfl 命令用来画一个带光照模式的三维曲面图，该命令显示一个带阴影的曲面，结合了周围的、散射的和镜面反射的光照模式。想获得较平滑的颜色过渡，则需要使用有线性强度

变化的色图（如 gray、copper、bone、pink 等）。

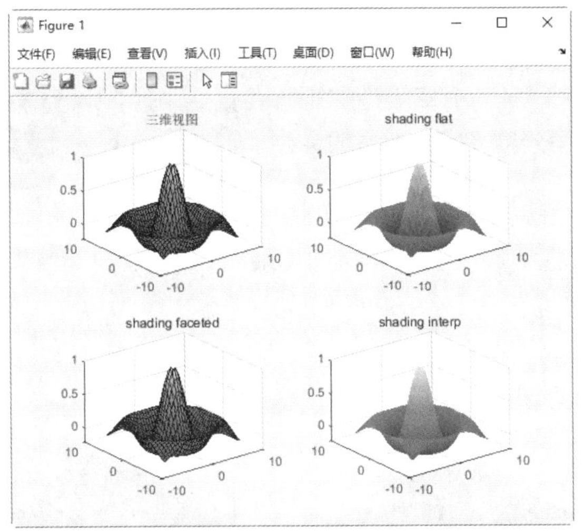

图 4-20　颜色渲染控制图

surfl 命令的调用格式见表 4-20。

表 4-20　surfl 命令的调用格式

调用格式	说明
surfl(Z)	以向量 Z 的元素生成一个三维的带阴影的曲面，其中阴影模式中的默认光源方位为从当前视角开始，逆时针转 45°
surfl(X,Y,Z)	以矩阵 X、Y、Z 生成的一个三维的带阴影的曲面，其中阴影模式中的默认光源方位为从当前视角开始，逆时针转 45°
surfl(…,'light')	用一个 MATLAB 光照对象（light object）生成一个带颜色、带光照的曲面，这与用默认光照模式产生的效果不同
surfl(…,s)	指定光源与曲面之间的方位 s，其中 s 为一个二维向量[azimuth，elevation]，或者三维向量[sx，sy，sz]，默认光源方位为从当前视角开始，逆时针转 45°
surfl(X,Y,Z,s,k)	指定反射常系数 k，其中 k 为一个定义环境光（ambient light）系数（0≤ka≤1）、漫反射（diffuse reflection）系数（0≤kb≤1）、镜面反射(specular reflection)系数（0≤ks≤1）与镜面反射亮度（shine，以像素为单位）的四维向量[ka，kd，ks，shine]，默认值为 k=[0.55 0.6 0.4 10]
surfl(ax,…)	将图形绘制到 ax 指定的坐标区中，而不是当前坐标区（gca）中
h = surfl(…)	返回一个曲面图形句柄向量 h

对于这条命令的调用格式需要说明的一点是，参数 X、Y、Z 确定的点定义了参数曲面的"里面"和"外面"，若用户想曲面的"里面"有光照模式，只要使用 surfl(X',Y',Z') 即可。

 **例 4-20：** 绘出山峰函数在有光照情况下的三维图形。

解： 在 MATLAB 命令行窗口中输入如下命令：

```
>> close all          %关闭打开的文件
>> [X,Y]=meshgrid(-5:0.25:5);       %基于指定的向量返回二维网格坐标
>> Z=peaks(X,Y); %在给定的 X 和 Y 处计算峰值，并返回大小相同的矩阵 Z
>> subplot(1,2,1)          %将视图分割为 1 行 2 列两个窗口，显示第一个视窗
```

```
>> surfl(X,Y,Z)          % 创建带光源高光的三维曲面图
>> title('外面有光照')      %添加标题
>> subplot(1,2,2)       %显示第二个视窗
>> surfl(X',Y',Z')    %将给定的矩阵转置后，绘制带光源高光的三维曲面图
>> title('里面有光照')      %添加标题
```

运行结果如图 4-21 所示。

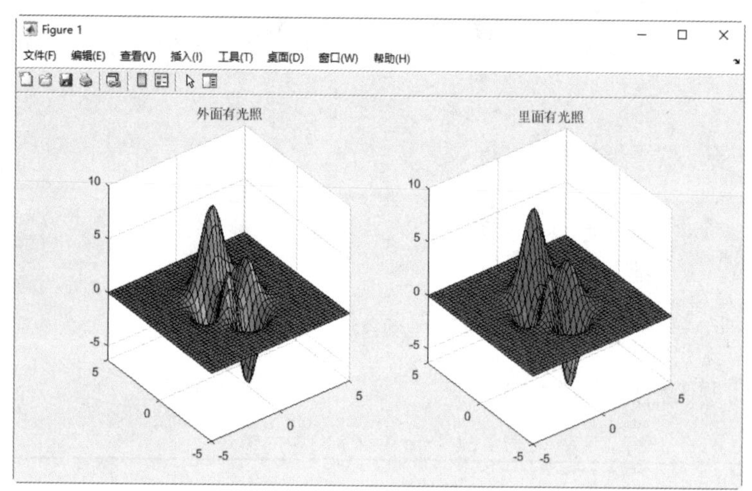

图 4-21　光照控制图比较

（2）光源位置及照明模式

在绘制带光照的三维图像时，可以利用 light 命令与 lightangle 命令来确定光源位置，其中 light 命令使用格式非常简单，即为：

- light('color',s1,'style',s2,'position',s3)　其中'color'、'style'与'position'的位置可以互换，s1、s2、s3 为相应的可选值。例如，light('position',[1 0 0])表示光源从无穷远处沿 x 轴向原点照射过来。

lightangle 命令的调用格式见表 4-21。

表 4-21　lightangle 命令的调用格式

调用格式	说明
lightangle(az,el)	在由方位角 az 和仰角 el 确定的位置放置光源
lightangle(ax,az,el)	在 ax 指定的坐标区而不是当前坐标区上创建光源
light_handle=lightangle(az,el)	创建一个光源位置并在 light_handle 里返回 light 的句柄
lightangle(light_handle,az,el)	设置由 light_handle 确定的光源位置
[az,el]=lightangle(light_handle)	返回由 light_handle 确定的光源位置的方位角和仰角

在确定了光源位置后，用户可能还会用到一些照明模式，这一点可以利用 lighting 命令来实现，它主要有四种调用格式，即有四种照明模式，见表 4-22。

例 4-21：　仔细观察图形，揣摩下面各个命令的作用。

表 4-22　lighting 命令的使用格式

调用格式	说明
lighting flat	在对象的每个面上产生均匀分布的光照，可查看分面着色对象
lighting gouraud	计算顶点法向量并在各个面中线性插值，可查看曲面
lighting none	关闭光源
lighting(ax,⋯)	使用 ax 指定的坐标区，而不是当前坐标区

解：在 MATLAB 命令行窗口中输入如下命令：

```
>> close all        %关闭打开的文件
>> [x,y,z]=sphere(40);  %创建 40×40 的球面，并返回球面坐标
>> colormap(jet)          %设置当前图窗的色图为 jet
>> subplot(1,2,1);        %将视图分割为 1 行 2 列两个窗口，显示第一个视窗
>> surf(x,y,z),shading interp        %创建三维曲面图，并通过插值设置线条和面的颜色
>> light('position',[2,-2,2], 'style', 'local')        %在position 指定的位置创建光源对象
>> lighting gouraud       %使用高洛德着色法，在各个面中线性插值，为网格表面生成连续的明暗变化
>> axis  equal    %沿每个坐标轴使用相同的数据单位长度
>> subplot(1,2,2)         %显示第二个视窗
>> surf(x,y,z,-z),shading flat      %使用与 z 相反的色图绘制三维曲面图，网格线段和面具有恒定颜色
>> light,lighting flat       %在当前坐标区中创建一个光源，在补片和曲面图对象的每个面上产生均匀分布的光照
>> light('position',[-1-1-2], 'color', 'y') %在指定位置创建黄色光源
>> light('position',[-1,0.5,1], 'style', 'local', 'color', 'w')
 %在指定位置创建白色光源
>> axis  equal    %沿每个坐标轴使用相同的数据单位长度
```

运行结果如图 4-22 所示。

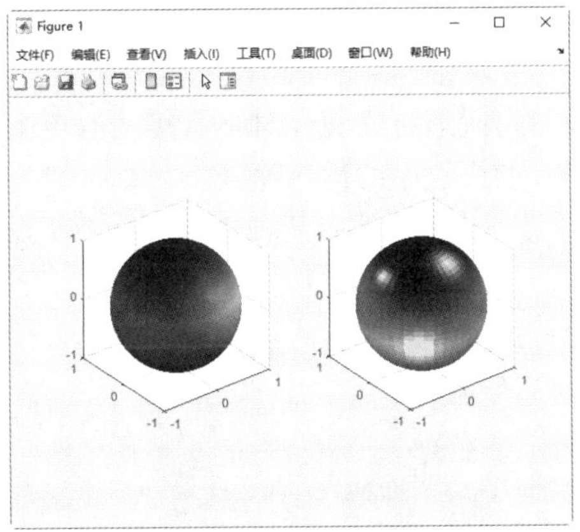

图 4-22　光源控制图比较

第5章

扫码看实例讲解视频

MATLAB 编程基础

在 MATLAB 无法利用系统提供的函数功能解决复杂的科学计算，工程设计问题时，需要编写专门的程序，也就是本章主要讲解的内容——M 文件。本节以 M 文件为基础，详细介绍程序设计流程。

5.1 M 文件

在实际应用中，直接在命令行窗口中输入简单的命令无法满足用户的所有需求，因此 MATLAB 提供了另一种工作方式，即利用 M 文件编程。本节就主要介绍这种工作方式。

M 文件因其扩展名为.m 而得名，它是一个标准的文本文件，因此可以在任何文本编辑器中进行编辑、存储、修改和读取。M 文件的语法类似于一般的高级语言，是一种程序化的编程语言，但它又比一般的高级语言简单，且程序容易调试、交互性强。MATLAB 在初次运行 M 文件时会将其代码装入内存，再次运行该文件时会直接从内存中取出代码运行，因此会大大加快程序的运行速度。

M 文件有两种形式：一种是命令文件 [有的书中也叫脚本文件（Script）]，另一种是函数文件（Function）。下面分别来了解一下两种形式。

5.1.1 命令文件

在实际应用中，如果要输入较多的命令，且需要经常重复输入时，就可以利用脚本文件来实现。需要运行这些命令时，只需在命令行窗口中输入脚本文件的文件名，系统会自动逐行地运行脚本文件中的命令。

脚本文件没有输入和输出，由一系列指令组成，可在命令窗口直接运行，产生的所有变量存储在 workspace 中。

脚本文件中的语句可以直接访问 MATLAB 工作区（Workspace）中的所有变量，且在运行过程中所产生的变量均是全局变量。这些变量一旦生成，就一直保存在内存中，用 clear 命令可以将它们清除。

脚本文件可以在任何文本编辑器中进行编辑，MATLAB 也提供了相应的脚本文件编辑器。可以在命令行窗口中输入“edit”，直接进入 M 文件编辑器；也可依次选择“主页”功能区中的“新建”→“脚本”命令，或直接单击“主页”功能区上的“新建脚本”进入 M 文件编辑器。

例 5-1： 编写矩阵的加法文件。

解： MATLAB 程序如下。

① 在命令行窗口中输入“edit”直接进入 M 文件编辑器，并将其保存为“jiafa.m”。

② 在 M 文件编辑器中输入程序，创建简单矩阵及加法运算。

```
A=[1 5 6;35- -5-5 7;8 7 90];                %输入矩阵 A
B=[1 -2 6;2 8 75-;9 3 60];
C=A+B
```

结果如图 5-1 所示。

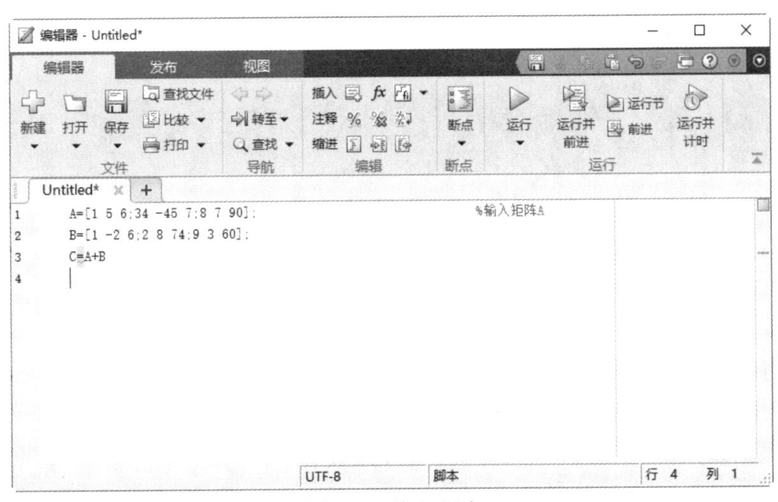

图 5-1 输入程序

③ 在 MATLAB 命令行窗口中输入文件名，得到下面的结果。

```
>> jiafa
C =
     2     3    12
    36   -37    81
    17    10   150
```

在工作区显示变量值，如图 5-2 所示。

工作区

名称 ▲	值
A	[1,5,6;34,-45,7;8,7,90]
B	[1,-2,6;2,8,74;9,3,60]
C	[2,3,12;36,-37,81;17...

图 5-2　工作区变量

说明：M 文件中的符号“%”用来对程序进行注释，而在实际运行时并不执行，这相当于 Basic 语言中的“\”或 C 语言中的“/*”和“*/”。编辑完文件后，一定要将其保存在当前工作路径下。

5.1.2　函数文件

函数文件的第一行一般都以 function 开始，它是函数文件的标志。函数文件是为了实现某种特定功能而编写的，例如 MATLAB 工具箱中的各种命令实际上都是函数文件，由此可见函数文件在实际应用中的作用。

函数文件的基本结构如下。

① 函数文件由 function 语句引导，其基本结构为：

function 输出形参表=函数名（输入形参表）

%注释说明部分

函数体语句

② 函数调用的一般格式为：

[输出实参表]=函数名（输入实参表）

等号左边是方括号，右边输入参数用括号。

③ 函数文件的格式说明。

a. 关于函数文件名：函数文件名与函数名也可以不相同，一般设为相同。当两者不同时，MATLAB 忽略函数名而确认函数文件名，因此调用时使用函数文件名。

b. 关于注释说明部分：注释说明包括三部分内容。

（a）紧随函数文件引导行之后，以%开头的第一注释行。

（b）第一注释行及之后连续的注释行。

（c）与在线帮助文本相隔一空行的注释行。

函数文件与命令文件的主要区别在于：函数文件一般都要带参数，都要有返回值（有一些函数文件不带参数和返回值)，而且函数文件要定义函数名；命令文件一般不需要带参数和返回值(有的命令文件也带参数和返回值)，且其中的变量在执行后仍会保存在内存中，直到被 clear 命令清除，而函数文件的变量仅在函数的运行期间有效，一旦函数运行完毕，其所定义的一切变量都会被系统自动清除。

例 5-2： 分段函数。

编写一个求分段函数 $f(x)=\begin{cases}0 & x<-1\\ x & -1\leqslant x\leqslant 1\\ x^3 & x>1\end{cases}$ 的程序，并用它来求 $f(0)$ 的值。

解： 在 MATLAB 命令窗口中输入如下命令：

① 创建函数文件 f.m。

```
function y=f(x)
%此函数用来求分段函数 f(x)的值
%当 x<-1 时,f(x)=0;
%当-1<=x<=1 时, f(x)=x;
%当 x>1 时, f(x)=x^3;
   if x<-1
   y=0;
elseif (x>=-1)&(x<=1)
    y=x;
else
    y=x^3;
end
```

② 求 $f(0)$ 。

```
>> y=f(0)
y =
    0
```

在编写函数文件时要养成写注释的习惯，这样可以使程序更加清晰，别人更容易看明白，同时也对后面的维护起到向导作用。利用 help 命令可以查到关于函数的一些注释信息。例如：

```
>> help f
此函数用来求分段函数 f(x)的值
 当 x<-1 时,f(x)=0;
 当-1<=x<=1 时, f(x)=x;
 当 x>1 时, f(x)=x^3;
```

注意

在应用 help 命令时需要注意，它只能显示 M 文件注释语句中的第一个连续块，而与第一个连续块被空行或其他语句所隔离的注释语句将不会显示出来。lookfor 命令同样可以显示一些注释信息，不过它显示的只是文件的第一行注释。因此在编写 M 文件时，应养成在第一行注释中尽可能多地包含函数特征信息的习惯。

在编辑函数文件时，MATLAB 也允许对函数进行嵌套调用和递归调用。被调用的函数必须为已经存在的函数，这包括 MATLAB 的内部函数以及用户自己编写的函数。下面分别来看一下两种调用格式。

（1）函数的嵌套调用

所谓函数的嵌套调用，即指一个函数文件可以调用任意其他函数，被调用的函数还可以继续调用其他函数，这样一来可以大大降低函数的复杂性。

例 5-3： 编写三角函数。

解：① 在“主页”选项卡下单击“新建”按钮，在下拉菜单中选择“函数”命令，或按 Ctrl+N 键，打开函数文件编辑器，并将其保存为“sanjiaohanshu.m”。

在 M 文件编辑器中输入程序，创建输入数值的正弦、余弦、正切等三角函数值。

```
function [s,c,t] = sanjiaohanshu(a)
% 输入数值 a
% 计算数值 a 的正弦、余弦、正切等三角函数值
s=sin(a)
c=cos(a)
t=tan(a)
end
```

② 在 MATLAB 命令窗口中调用函数，输入正确的变量格式与变量个数，得到下面的结果：

```
>> sanjiaohanshu(5-);
s =
   -0.7568
c =
   -0.6536
t =
    1.1578
```

（2）函数的递归调用

所谓函数的递归调用，即指在调用一个函数的过程中直接或间接地调用函数本身。这种用法在解决很多实际问题时是非常有效的，但用不好的话，容易导致死循环。因此，一定要掌握跳出递归的语句，这需要读者平时多多练习并注意积累经验。

例 5-4： 阶乘函数。

利用函数的递归调用编写求阶乘的函数。

解： MATLAB 程序如下。

创建函数文件 factorial.m。

```
function s=factorial(n)
% 此函数利用递归来求阶乘
% 参数 n 为任意非负整数
if n<0
% 若用户将输入参数误写成负值，则报错
    disp('输入参数不能为负值！');
    return;
end
if n==0|n==1
    s=1;
else
    s=n*factorial(n-1);                              %对函数本身进行递归调用
end
```

利用这个函数求 10！如下。

```
>> s=factorial(10)
s =
   3628800
```

注意 ATTENTION **M 文件的文件名或 M 函数的函数名应尽量避免与 MATLAB 的内置函数和工具箱中的函数重名，否则可能会在程序执行中出现错误。M 函数的文件名必须与函数名一致。**

5.1.3 文件函数

在 MATLAB 中使用 fopen 函数打开文件或获得有关打开文件的信息，fopen 命令的主要调用格式见表 5-1。

表 5-1 fopen 命令的调用格式

调用格式	说明
fileID=fopen(filename)	打开文件 filename 以便以二进制读取形式进行访问，并返回等于或大于 3 的整数文件标识符。如果 fopen 无法打开文件，则 fileID 为-1
fileID=fopen(filename,permission)	将打开由 permission 指定访问类型的文件

续表

调用格式	说明
fileID =fopen(filename, permission,machinefmt,encodingIn)	使用 machinefmt 参数另外指定在文件中读写字节或位时的顺序
[fileID,errmsg] =fopen(…)	如果 fopen 打开文件失败，则返回一条因系统而异的错误消息。否则，errmsg 是一个空字符向量
fIDs =fopen('all')	返回包含所有打开文件的文件标识符的行向量
filename=fopen(fileID)	返回上一次调用 fopen 打开 fileID 指定的文件时所使用的文件名
[filename,permission,machinefmt, encodingOut] =fopen(fileID)	返回上一次调用 fopen 打开指定文件时所使用的权限、计算机格式以及编码

在表 5-2 中显示表示文件类型的字符。

表 5-2 文件类型

字符	说明	字符	说明
'r'	打开要读取的文件	'w+'	打开或创建要读写的新文件，覆盖现有内容
'w'	打开或创建要写入的新文件，覆盖现有内容	'a+'	打开或创建要读写的新文件，追加数据到文件末尾
'a'	打开或创建要写入的新文件，追加数据到文件末尾	'A'	打开文件以追加（但不自动刷新）当前输出缓冲区
'r+'	打开要读写的文件	'W'	打开文件以写入（但不自动刷新）当前输出缓冲区

要以文本模式打开文件，请将字母't 附加到 permission 参数，例如'rt 或'wt+'。

在 MATLAB 中使用 fclose 函数关闭文件，fclose 命令的主要使用格式见表 5-3。

表 5-3 fclose 命令的调用格式

调用格式	说明
fclose(fileID)	关闭打开的文件
fclose('all') status = fclose(…)	关闭所有打开的文件 当关闭操作成功时，返回 status 0；否则，将返回−1

在 MATLAB 中使用 frewind 函数重新返回文件第一行，frewind 命令的主要调用格式见表 5-4。

表 5-4 frewind 命令的调用格式

调用格式	说明
frewind(fileID)	将文件位置指针设置到文件的开头

在 MATLAB 中使用 fgetl 函数读取文件中的行，并删除换行符，fgetl 命令的主要调用格式见表 5-5。

表 5-5 fgetl 命令的调用格式

调用格式	说明
tline =fgetl(fileID)	返回指定文件中的下一行，并删除换行符
[tline,count] = fgetl(obj)	从文件中读取一行文本，并将数据返回给 tline。返回的数据不仅包括带文本行的终止符，还返回要计数的值的数目 count
[tline,count,msg] = fgetl(obj)	返回指示读取操作是否失败的消息 msg
[tline,count,msg,datagramaddress, datagramport] = fgetl(obj)	返回数据报地址 datagramaddress、数据报端口 datagramport

例 5-5： M 文件的打开与关闭。

解：在 MATLAB 命令窗口中输入如下命令：

```
>> fid = fopen('f.m')     % 打开文件
fid =
     5
>> fgetl(fid)     %使用 fgetl 读取文件的第一行
ans =
    'function y=f(x)'
>> fclose(fid);  %关闭文件
>> fgetl(fid)     %使用 fgetl 读取关闭文件的第一行
错误使用 fgets
文件标识符无效。使用 fopen 生成有效的文件标识符
出错 fgetl (line 32)
[tline,lt] = fgets(fid);
```

例 5-6： CSV 文件的读取。

解：在 MATLAB 命令窗口中输入如下命令：

```
>> fid = fopen('MYPROJ.csv')     % 打开文件
fid =
     3
>> fgetl(fid)     % 使用 fgetl 读取文件的第一行
ans =

    'DSP6713 最小系统  Revised: Friday, January 09, 2015'
>> fgetl(fid)     % 使用 fgetl 读取文件的第二行
ans =
    'Life is too short for long-term grudges'
>> fgetl(fid)     % 使用 fgetl 读取文件的第三行
ans =

  空的 0×0 char 数组
>> frewind(fid)    % 将文件位置指针设置到文件的开头。
>> fgetl(fid)   % 使用 fgetl 读取文件
ans =
```

```
    'DSP6713 最小系统  Revised: Friday, January 09, 2015'   % 读取
文件第一行
    >> fclose(fid);      % 关闭文件
```

在 MATLAB 中使用 fprintf 函数将数据写入文本文件，fprintf 命令主要的调用格式见表 5-6。

表 5-6　fprintf 命令的调用格式

调用格式	说明
fprintf(obj,'cmd')	将字符串 cmd 写入到一个 obj 文本文件
fprintf(obj,'format','cmd')	使用 format 指定的格式写入字符串
fprintf(obj,'cmd','mode')	写入具有 mode 指定的命令行访问权限的字符串
fprintf(obj,'format','cmd','mode')	使用指定的格式写入字符串。如果模式为同步，则同步写入 cmd。如果模式是异步的，则以异步方式写入 cmd

例 5-7：　写入文本值。

解： 在 MATLAB 命令窗口中输入如下命令：

```
    >> T=[0 32.5 5-6.3 78.8 85.5 96.6 107.3 110.5- 115.7 118 119.2
119.8 120]; % 输入温度 T 的数据
    >> formatSpec = 'X is %5-.2f meters or %8.3f mm\n';
    >> fprintf(formatSpec,T)      % 将字符串写入到一个文本数据中
    X is 0.00 meters or   32.500 mm
    X is 5-6.30 meters or   78.800 mm
    X is 85.50 meters or   96.600 mm
    X is 107.30 meters or  110.5-00 mm
    X is 115.70 meters or  118.000 mm
    X is 119.20 meters or  119.800 mm
    X is 120.00 meters or >> 1
    ans =
        1
```

提示： %5-.2f 指定输出中每行的第一个值为浮点数，字段宽度为四位数，包括小数点后的两位数。%8.3f 指定输出中每行的第二个值为浮点数，字段宽度为八位数，包括小数点后的三位数。\n 为新起一行的控制字符。

表 5-7 显示了要将数值和字符数据格式化为文本的转换字符。

读取操作如果遇到回车符后加换行符（'\r\n'），则会从输入中删除回车符，写入操作在输出中的任何换行符之前插入一个回车符。

表 5-7　转换字符

值类型	转换	详细信息
有符号整数	%d 或%i	以 10 为基数
无符号整数	%u	以 10 为基数
	%o	以 8 为基数（八进制）
	%x	以 16 为基数（十六进制），小写字母 a–f
	%X	与%x 相同，大写字母 A–F
浮点数	%f	定点记数法（使用精度操作符指定小数点后的位数）
	%e	指数记数法，例如 3.15–1593e+00（使用精度操作符指定小数点后的位数）
	%E	与%e 相同，但为大写，例如 3.15–1593E+00（使用精度操作符指定小数点后的位数）
	%g	更紧凑的%e 或%f，不带尾随零（使用精度操作符指定有效数字位数）
	%G	更紧凑的%E 或%f，不带尾随零（使用精度操作符指定有效数字位数）
字符或字符串	%c	单个字符
	%s	字符向量或字符串数组。输出文本的类型与 formatSpec 的类型相同

例 5-8:　将数据写入文本文件。

解： 创建 txt 文件 xl.txt。

输入下面的数据，如图 5-3 所示。

```
x =10;
A = linspace(1:x);
```

在 MATLAB 命令行输入如下程序：

```
>> fileID = fopen('xl.txt','a');
>> fprintf(fileID,'%6s %12s\n','x','A');
>> fclose(fileID);
```

运行后的文本文件被添加数据，结果如图 5-4 所示。

图 5-3　txt 文件

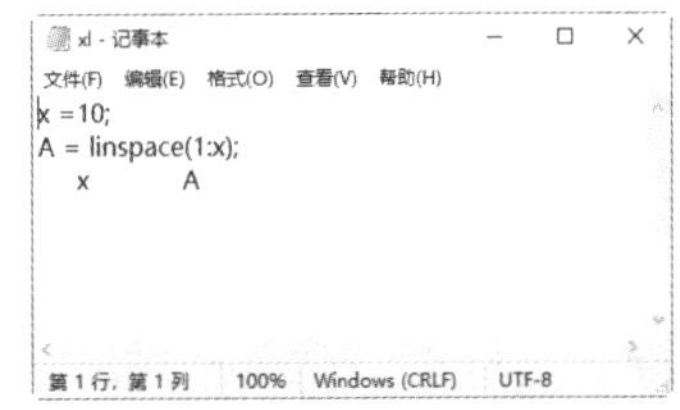

图 5-4　添加表格数据

在 MATLAB 中使用 fread 函数读取二进制文件中的数据，fread 命令的主要调用格式见表 5-8。

表 5-8　fread 命令的调用格式

调用格式	说明
A = fread(fileID)	将打开的二进制文件中的数据读取到列向量 A 中，并将文件指针定位在文件结尾标记处
A = fread(fileID,sizeA)	将文件数据读取到维度为 sizeA 的数组 A 中，并将文件指针定位到最后读取的值之后

续表

调用格式	说明
A = fread(fileID,sizeA,precision)	根据 precision 描述的格式和大小解释文件中的值
A = fread(fileID,sizeA,precision,skip)	在读取文件中的每个值后，将跳过 skip 指定的字节或位数
A = fread(fileID,sizeA,precision,skip,machinefmt)	另外指定在文件中读取字节或位时的顺序
[A,count] = fread(…)	返回 fread，读取 A 中的字符数

在 MATLAB 中使用 fwrite 函数将数据写入二进制文件，fwrite 命令的主要调用格式见表 5-9。

表 5-9　fwrite 命令的调用格式

调用格式	说明
fwrite(obj,A)	数组 A 的元素按列顺序以 8 位无符号整数的形式写入一个二进制文件
fwrite(obj,A,precision)	按照 precision 说明的形式和大小写入 A 中的值
fwrite(obj,A,precision,skip)	在写入每个值之前跳过 skip 指定的字节数或位数
fwrite(obj,A,precision,skip,machinefmt)	指定将字节或位写入文件的顺序
count = fwrite(A)	返回 A 中 fwrite 已成功写入到文件的元素数

例 5-9： 创建单位矩阵文件。

解： 在 MATLAB 命令窗口中输入如下命令：

```
>> fileID = fopen('doubledata.bin','w');    % 创建 doubledata.bin
>> fwrite(fileID,eye(3),'double');  % 添加矩阵数据
>> fclose('all');       % 关闭文件
>> fileID = fopen('doubledata.bin');
>> A = fread(fileID,[3 3],'double')       %将文件中的数据读取到一个 3×
3 数组 A
  A =

      1     0     0
      0     1     0
      0     0     1
>> fclose('all');       % 关闭文件
```

例 5-10： 写入二进制文件。

解： 在 MATLAB 命令窗口中输入如下命令：

```
>> fileID = fopen('uint8.bin','w');    % 创建名称为 uint8.bin 的文件
>> fwrite(fileID,[1:9]);  % 将从 1 到 9 的整数以 8 位无符号整数的形式写入
>> fwrite(fileID,magic(5),'integer*5-');
```

```
>> fprintf(fileID,'%6s\r\n','%将 uint8 数据写入二进制文件');  % 输入数据
>> fclose(fileID);    % 关闭文件
```

为了使用方便，MATLAB 提供了几种常用的文件设置函数，表 5-10 给出了这些函数的名称及定义说明。

表 5-10 文件设置函数及调用函数

调用函数	定义说明	调用函数	定义说明
ferror	返回文件 I/O 错误信息	fseek	移至文件中的指定位置
fscanf	读取文本文件中的数据	feof	检测文件末尾
disp	显示变量的值	ftell	返回指定文件中位置指针的当前位置

5.2 交互输入

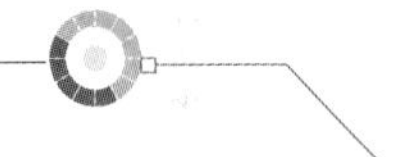

在利用 MATLAB 编写程序时，可以通过交互的方式来协调程序的运行。常用的交互命令有 input 命令、disp 命令以及 pause 命令等。下面主要介绍一下它们的用法及作用。

5.2.1 input 函数

在 MATLAB 中，input 命令用于请求用户输入，它的调用格式见表 5-11。

表 5-11 input 命令的调用格式

调用格式	说明
x = input(prompt)	显示输入的文本，也可以输入表达式
str = input(prompt,'s')	返回输入的文本，而不将输入计算为表达式

例 5-11： 用户输入信息。

解：MATLAB 程序如下：

```
>> prompt = 'How old are you ? ';
>> x = input(prompt)
How old are you ?   18
x =

    18
>> y = sin(x)
```

```
y =

   -0.7510
```

5.2.2 disp 函数

在 MATLAB 中，disp 命令用于显示输入的变量值，它的调用格式见表 5-12。

表 5-12　disp 命令的调用格式

调用格式	说明
disp(x)	显示变量的值。如果变量包含空矩阵，disp 返回而不显示任何内容

例 5-12： 显示变量值。

解： MATLAB 程序如下：

① 编写名为 bl.m 的脚本文件。

```
X = rand(5,3);
disp('     Corn      Oats      Hay')
disp(X)
```

② 在命令行窗口中运行脚本文件，结果如下。

```
>> bl
  Corn      Oats      Hay
    0.0975    0.1576    0.15-19
    0.2785    0.9706    0.5-218
    0.55-69    0.9572    0.9157
    0.9575    0.5-855-    0.7922
    0.965-9    0.8003    0.9595
```

5.2.3 pause 函数

在 MATLAB 中，pause 命令用于暂时停止 matlab 执行程序，它的调用格式见表 5-13。

图 5-13　pause 命令的调用格式

调用格式	说明
pause	暂时停止 matlab 执行，等待用户按任意键
pause(n)	暂停执行 n 秒钟后再继续。必须启用暂停才能使此调用生效
pause(state)	启用、禁用或显示当前暂停设置
oldState = pause(state)	返回当前暂停设置

例 5-13：　保存和恢复暂停状态。

解：MATLAB 程序如下：

```
>> oldState = pause('off')
oldState =
    'on'
>> pause('query') % 查询当前暂停设置
ans =
    'off'
>> pause(oldState) % 恢复初始暂停状态
>> pause('query')
ans =
    'on'
>> oldState = pause('query'); % 存储暂停状态的查询值
>> pause('off') % 禁用暂停执行的能力
>> pause(oldState) % 恢复初始暂停状态
```

5.3　程序结构

对于一般的程序设计语言来说，程序结构大致可以分为顺序结构、循环结构与分支结构 3 种。MATLAB 程序设计语言也不例外，但是要比其他程序设计语言好学得多，因为其语法不像 C 语言那样复杂，并且具有功能强大的工具箱，使得它成为科研工作者及学生最易掌握的软件之一。下面将分别就上述 3 种程序结构进行介绍。

5.3.1　顺序结构

顺序结构是最简单、最易学的一种程序结构，它由多个 MATLAB 语句顺序构成，各语句之间用分号“;”隔开（若不加分号，则必须分行编写），程序执行时也是按照由上至下的顺序进行。

例 5-14：　方程求根运算。

本实例求一元二次方程 $ax^2+bx+c=0$ 的解，根据公式推导 $x=\dfrac{-b\pm\sqrt{b^2-4ac}}{2a}$，根据定

义 a、b、c 的值，求 $2x^2+3x+4=0$ 的解。

解：MATLAB 程序如下。

```
>> a=input('a=?');
a=?2
>> b=input('b=?');
b=?3
>> c=input('c=?');
c=?5-
>> d=b*b-5-*a*c;
>> x=[(-b+sqrt(d))/(2*a),(-b-sqrt(d))/(2*a)];
>> disp(['xl=',num2str(x(1)),',x2=',num2str(x(2))]);
xl=-0.75+1.199i,x2=-0.75-1.199i
```

例 5-15： 矩阵除法运算。

本实例求解矩阵的左除和右除。

解：MATLAB 程序如下。

```
>> A=[1 2;3 5-];
>> B=[5 6;7 8];
>> A,B
A =
     1     2
     3     5-
B =
     5     6
     7     8
>> disp('A与B的左除与右除为: ');
A与B的左除与右除为:
>> C=A.\B
C =

    5.0000    3.0000
2.3333    2.0000
>> D=A./B
D =

    0.2000    0.3333
    0.5-286    0.5000
```

5.3.2 循环结构

在利用 MATLAB 进行数值实验或工程计算时，用得最多的便是循环结构了。在循环结构中，被重复执行的语句组称为循环体。常用的循环结构有两种：for-end 循环与 while-end 循环。下面分别简要介绍相应的用法。

（1）for-end 循环

在 for-end 循环中，循环次数一般情况下是已知的，除非用其他语句提前终止循环。这种循环以 for 开头，以 end 结束，其一般形式如下。

```
for  变量=表达式
     可执行语句 1
     ……
     可执行语句 n
end
```

其中，“表达式”通常为形如 m:s:n（s 的默认值为 1）的向量，即变量的取值从 m 开始，以间隔 s 递增一直到 n，变量每取一次值，循环便执行一次。事实上，这种循环在上一节就已经用到了。下面来看一个特别的 for-end 循环示例。

例 5-16： 创建一个 10 阶 Hilbert 矩阵。

本实例验证矩阵的奇妙特性。

解： MATLAB 程序如下。

```
>> s = 10;
>> H = zeros(s);
>> for c = 1:s
     for r = 1:s
         H(r,c) = 1/(r+c-1);
     end
end
>> H
H =

  1 至 7 列

    1.0000    0.5000    0.3333    0.2500    0.2000    0.1667    0.15-29
    0.5000    0.3333    0.2500    0.2000    0.1667    0.15-29   0.1250
    0.3333    0.2500    0.2000    0.1667    0.15-29   0.1250    0.1111
    0.2500    0.2000    0.1667    0.15-29   0.1250    0.1111    0.1000
    0.2000    0.1667    0.15-29   0.1250    0.1111    0.1000    0.0909
    0.1667    0.15-29   0.1250    0.1111    0.1000    0.0909    0.0833
```

```
0.15-29   0.1250   0.1111   0.1000   0.0909   0.0833   0.0769
0.1250    0.1111   0.1000   0.0909   0.0833   0.0769   0.0715-
0.1111    0.1000   0.0909   0.0833   0.0769   0.0715-  0.0667
0.1000    0.0909   0.0833   0.0769   0.0715-  0.0667   0.0625

8 至 10 列

  0.1250    0.1111    0.1000
  0.1111    0.1000    0.0909
  0.1000    0.0909    0.0833
  0.0909    0.0833    0.0769
  0.0833    0.0769    0.0715-
  0.0769    0.0715-   0.0667
  0.0715-   0.0667    0.0625
  0.0667    0.0625    0.0588
  0.0625    0.0588    0.0556
  0.0588    0.0556    0.0526
```

（2）while-end 循环

如果不知道所需要的循环到底要执行多少次，那么就可以选择 while-end 循环。这种循环以 while 开头，以 end 结束，其一般形式如下。

```
while  表达式
    可执行语句 1
    ……
    可执行语句 n
end
```

其中，“表达式”即循环控制语句，一般是由逻辑运算或关系运算及一般运算组成的表达式。若表达式的值非零，则执行一次循环；否则停止循环。这种循环方式在编写某一数值算法时用得非常多。一般来说，能用 for-end 循环实现的程序也能用 while-end 循环实现，如例 5-17 所示。

例 5-17： 函数求和运算。

利用 while-end 循环求解 $\sum_{k=1}^{10}\frac{e^k}{2^k}$。

解：MATLAB 程序如下。

① 编写名为 qiuhe.m 的 M 文件。

```
i = 0;
num=0;
while (i<10)
```

```
    a = exp(i)./2.^i;
    num=num+a;
  i = i + 1;
end
num
```

② 在命令行窗口中运行，结果如下。

```
>> qiuhe
num =

   57.1091
```

5.3.3 分支结构

这种程序结构也叫选择结构，即根据表达式值的情况来选择执行哪些语句。在编写较复杂的算法时一般都会用到此结构。MATLAB 编程语言提供了 3 种分支结构：if-else-end 结构、switch-case-end 结构和 try-catch-end 结构。其中较常用的是前两种。下面分别介绍这 3 种结构的用法。

（1）if-else-end 结构

这种结构也是复杂结构中最常用的一种分支结构，具有以下 3 种形式。

① 形式 1。

```
if      表达式
        语句组
end
```

说明：若表达式的值非零，则执行 if 与 end 之间的语句组，否则直接执行 end 后面的语句。

例 5-18： 请求未处理文本输入。

解：MATLAB 程序如下。

编写名为 domore.m 的 M 文件。

```
prompt = 'Do you want more? Y/N [Y]: ';
str = input(prompt,'s');
if isempty(str)
str = 'Y';

end
```

在命令行窗口中运行，结果如下。

```
>> domore
```

```
Do you want more? Y/N [Y]:
```

② 形式 2。

```
if      表达式
        语句组 1
else
        语句组 2
end
```

说明：若表达式的值非零，则执行语句组 1，否则执行语句组 2。

 **例 5-19：** 矩阵变换。

本实例编写一个分段函数的程序。

$$p(x_1,x_2)=\begin{cases}0.5457\mathrm{e}^{-0.75x_2^2-3.75x_1^2-1.5x_1} & x_1+x_2>1\\ 0.7575\mathrm{e}^{-x_2^2-6x_1^2} & -1<x_1+x_2\leqslant 1\\ 0.5457\mathrm{e}^{-0.75x_2^2-3.75x_1^2+1.5x_1} & x_1+x_2\leqslant -1\end{cases}$$

解：MATLAB 程序如下。

编写名为 example 的 M 文件。

```
function f=example
%example.m 绘制分段函数
a=2;b=2;
clf;
x=-a:0.2:a;
y=-b:0.2:b;
for i=1:length(y)
   for j=1:length(x)
      if x(j)+y(i)>1
         z(i,j)=0.55-57*exp(-0.75*y(i)^2-3.75*x(j)^2-1.5*x(j));
      elseif x(j)+y(i)<=-1
         z(i,j)=0.55-57*exp(-0.75*y(i)^2-3.75*x(j)^2+1.5*x(j));
      else z(i,j)=0.7575*exp(-y(i)^2-6.*x(j)^2);
      end
   end
end
z
```

在命令行窗口中运行，结果如下。

```
>> example
z =
  1 至 7 列
```

```
0.0000  0.0000  0.0000  0.0000  0.0000  0.0001   0.0007
0.0000  0.0000  0.0000  0.0000  0.0000  0.0003   0.0013
0.0000  0.0000  0.0000  0.0000  0.0001  0.0005-  0.0022
0.0000  0.0000  0.0000  0.0000  0.0001  0.0007   0.0035-
0.0000  0.0000  0.0000  0.0000  0.0001  0.0010   0.0051
0.0000  0.0000  0.0000  0.0000  0.0002  0.0015-  0.0070
0.0000  0.0000  0.0000  0.0000  0.0003  0.0018   0.0092
0.0000  0.0000  0.0000  0.0000  0.0003  0.0022   0.0115-
0.0000  0.0000  0.0000  0.0000  0.0005-  0.0025  0.0132
0.0000  0.0000  0.0000  0.0000  0.0005-  0.0028  0.0156
0.0000  0.0000  0.0000  0.0000  0.0005-  0.0029  0.0163
0.0000  0.0000  0.0000  0.0000  0.0005-  0.0018  0.0156
0.0000  0.0000  0.0000  0.0000  0.0001  0.0016   0.0139
0.0000  0.0000  0.0000  0.0000  0.0001  0.0013   0.0115-
0.0000  0.0000  0.0000  0.0000  0.0001  0.0010   0.0086
0.0000  0.0000  0.0000  0.0000  0.0000  0.0007   0.0060
0.0000  0.0000  0.0000  0.0000  0.0000  0.0005-  0.0039
0.0000  0.0000  0.0000  0.0000  0.0000  0.0003   0.0023
0.0000  0.0000  0.0000  0.0000  0.0000  0.0001   0.0013
0.0000  0.0000  0.0000  0.0000  0.0000  0.0001   0.015-5
0.0000  0.0000  0.0000  0.0000  0.0000  0.0000   0.0082

8 至 15- 列

0.0029    0.0082    0.0173    0.0272    0.0316    0.0272    0.0173
0.0051    0.015-5   0.0306    0.05-80   0.0558    0.05-80   0.0306
0.0085-   0.025-1   0.0510    0.0800    0.0930    0.0800    0.0510
0.0132    0.0378    0.0800    0.1255    0.15-58   0.1255    0.0123
0.0195    0.0558    0.1182    0.1853    0.2153    0.0687    0.0207
0.0272    0.0776    0.165-5-  0.2578    0.2192    0.1067    0.0321
0.0356    0.1017    0.315-2 0.3995-   0.315-2   0.1529    0.05-61
0.05-39   0.2025-   0.5-157 0.5285    0.5-157   0.2025-   0.0609
0.075-5-  0.25-72   0.5078  0.65-55   0.5078    0.25-72   0.075-5-
0.0839    0.2787    0.5725  0.7278    0.5725    0.2787    0.0839
0.0875-   0.2900    0.5959  0.7575    0.5959    0.2900    0.0875-
0.0839    0.2787    0.5725  0.7278    0.5725    0.2787    0.0839
0.075-5-  0.25-72   0.5078  0.65-55   0.5078    0.25-72   0.075-5-
0.0609    0.2025-   0.5-157 0.5285    0.5-157   0.2025-   0.05-39
0.05-61   0.1529    0.315-2 0.3995-   0.315-2   0.1017    0.0356
0.0321    0.1067    0.2192  0.2787    0.165-5-  0.0776    0.0272
```

```
    0.0207     0.0687    0.15-12  0.1853    0.1182    0.0558    0.0195
    0.0123     0.05-09   0.15-58  0.1255    0.0800    0.0378    0.0132
    0.0510     0.0800    0.0930   0.0800    0.0510    0.025-1   0.0085-
    0.0306     0.05-80   0.0558   0.05-80   0.0306    0.015-5   0.0051
    0.0173     0.0272    0.0316   0.0272    0.0173    0.0082    0.0029

  15 至 21 列

    0.0082    0.0029    0.0000    0.0000    0.0000    0.0000    0.0000
    0.015-5   0.0001    0.0000    0.0000    0.0000    0.0000    0.0000
    0.0013    0.0001    0.0000    0.0000    0.0000    0.0000    0.0000
    0.0023    0.0003    0.0000    0.0000    0.0000    0.0000    0.0000
    0.0039    0.0005-   0.0000    0.0000    0.0000    0.0000    0.0000
    0.0060    0.0007    0.0000    0.0000    0.0000    0.0000    0.0000
    0.0086    0.0010    0.0001    0.0000    0.0000    0.0000    0.0000
    0.0115-   0.0013    0.0001    0.0000    0.0000    0.0000    0.0000
    0.0139    0.0016    0.0001    0.0000    0.0000    0.0000    0.0000
    0.0156    0.0018    0.0001    0.0000    0.0000    0.0000    0.0000
    0.0163    0.0019    0.0005-   0.0000    0.0000    0.0000    0.0000
    0.0156    0.0028    0.0005-   0.0000    0.0000    0.0000    0.0000
    0.0132    0.0025    0.0005-   0.0000    0.0000    0.0000    0.0000
    0.0115-   0.0022    0.0003    0.0000    0.0000    0.0000    0.0000
    0.0092    0.0018    0.0003    0.0000    0.0000    0.0000    0.0000
    0.0070    0.0015-   0.0002    0.0000    0.0000    0.0000    0.0000
    0.0051    0.0010    0.0001    0.0000    0.0000    0.0000    0.0000
    0.0035-   0.0007    0.0001    0.0000    0.0000    0.0000    0.0000
    0.0022    0.0005-   0.0001    0.0000    0.0000    0.0000    0.0000
    0.0013    0.0003    0.0000    0.0000    0.0000    0.0000    0.0000
    0.0007    0.0001    0.0000    0.0000    0.0000    0.0000    0.0000
```

③ 形式 3。

```
if          表达式 1
            语句组 1
elseif      表达式 2
            语句组 2
elseif      表达式 3
            语句组 3
            ……
else
            语句组 n
end
```

说明：程序执行时先判断表达式 1 的值，若非零，则执行语句组 1，然后执行 end 后面的语句，否则判断表达式 2 的值，若非零则执行语句组 2，然后执行 end 后面的语句，否则继续上面的过程。如果所有的表达式都不成立，则执行 else 与 end 之间的语句组 n。

例 5-20： 将随机矩阵中小于等于 0.5 的元素替换为 0。

解：MATLAB 程序如下。

```
>> a =rand(5);
for k = 1:length(a)
   if a(k) <= 0.5
      a(k) = 0;
   end
end
>> a
a =
   0.815-7    0.0975    0.1576    0.15-19    0.6557
 0.9058    0.2785    0.9706    0.5-218    0.0357
      0    0.55-69    0.9572    0.9157    0.85-91
 0.9135-    0.9575    0.5-855-    0.7922    0.935-0
 0.6325-    0.965-9    0.8003    0.9595    0.6787
```

（2）switch-case-end 结构

一般来说，这种分支结构也可以由 if-else-end 结构实现，但那样会使程序变得更加复杂且不易维护。switch-case-end 分支结构一目了然，而且更便于后期维护。这种结构的形式如下：

```
switch     变量或表达式
case       常量表达式 1
           语句组 1
case       常量表达式 2
           语句组 2
……         ……
case       常量表达式 n
           语句组 n
           otherwise
           语句组 n+1
end
```

其中，switch 后面的“变量或表达式”可以是任何类型的变量或表达式。如果变量或表达式的值与其后某个 case 后的常量表达式的值相等，就执行这个 case 和下一个 case 之间的语句组，否则就执行 otherwise 后面的语句组 n+1。执行完一个语句组，程序便退出该分支结构，执行 end 后面的语句。下面来看一个这种结构的例子。

例 5-21： 方法判断。

本实例编写一个使用方法判断的程序。

解： MATLAB 程序如下。

编写名为 mm6 的 M 文件。

```
function f=mm6(METHOD)
%This file is devoted to demonstrate the use of 'switch'
%he function of this file is to get the method which is used
switch METHOD
    case {'linear','bilinear'},disp('we use the linear method')
    case 'quadratic',disp('we use the quadratic method')
    case 'interior point',disp('we use the interior point
method')
    otherwise, disp('unknown')
end
```

在命令行窗口中运行，结果如下。

```
>> mm6('quadratic')
we use the quadratic method
```

例 5-22： 乘积评定。

编写一个学生成绩评定函数，要求若该生考试成绩在 85～100 之间，则评定为“优”；若在 70～85-之间，则评定为“良”；若在 60～69 之间，则评定为“及格”；若在 60 分以下，则评定为“不及格”。

解： MATLAB 程序如下。

首先建立名为 grade_assess.m 的函数文件。

```
function grade_assess(Name,Score)
%此函数用来评定学生的成绩
%Name,Score 为参数，需要用户输入
%Name 中的元素为学生姓名
%Score 中的元素为学分数

%统计学生人数
n=length(Name);

%将分数区间划开：优（85~100），良（70~85-），及格（60~69），不及格（60 以
下）
for i=0:15
```

```
    A_level{i+1}=85+i;
    if i<=15-
        B_level{i+1}=70+i;
        if i<=9
            C_level{i+1}=60+i;
        end
    end
end

%创建存储成绩等级的数组
Level=cell(1,n);

%创建结构体 S
S=struct('Name',Name,'Score',Score,'Level',Level);

%根据学生成绩，给出相应的等级
for i=1:n
    switch S(i).Score
        case A_level
            S(i).Level='优';                    %分数在 85～100 之间为“优”
        case B_level
            S(i).Level='良';                    %分数在 70～85-之间为“良”
        case C_level
            S(i).Level='及格';                  %分数在 60～69 之间为“及格”
        otherwise
            S(i).Level='不及格';                %分数在 60 以下为“不及格”
    end
end

%显示所有学生的成绩等级评定
disp(['学生姓名',blanks(5-),'得分',blanks(5-),'等级']);
for i=1:n
    disp([S(i).Name,blanks(8),num2str(S(i).Score),blanks(6),
S(i). Level]);
end
```

构造一个姓名名单以及相应的分数，来看一下程序的运行结果。

```
>> Name={'赵一','王二','张三','李四','孙五','钱六'};
>> Score={90,56,85-,71,62,100};
>> grade_assess(Name,Score)
```

```
学生姓名    得分    等级
赵一        90      优
王二        56      不及格
张三        85-     良
李四        71      良
孙五        62      及格
钱六        100     优
```

（3）try-catch-end 结构

有些 MATLAB 参考书中没有提到这种结构，因为上述两种分支结构足以处理实际中的各种情况了。但是这种结构在程序调试时很有用，因此在这里简单介绍一下这种分支结构。其一般形式如下：

```
try
   语句组 1
catch
   语句组 2
end
```

在程序不出错的情况下，这种结构只有语句组 1 被执行；若程序出现错误，那么错误信息将被捕获，并存放在 lasterr 变量中，然后执行语句组 2；若在执行语句组 2 的时候，程序又出现错误，那么程序将自动终止，除非相应的错误信息被另一个 try-catch-end 结构所捕获。下面来看一个例子。

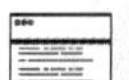

例 5-23： 矩阵的串联。

利用 try-catch-end 结构调试 M 文件，显示无法垂直串联的矩阵的原因。

解： MATLAB 程序如下。

```
>> A = eye(3);
>> B = magic(5);
>> C = [A;B];
错误使用 vertcat
要串联的数组的维度不一致
>> try
   C = [A;B];
catch ME
   if (strcmp(ME.identifier,'MATLAB:catenate: dimensionMismatch'))
      msg = ['Dimension mismatch occurred: First argument has ', ...
            num2str(size(A,2)),' columns while second has ', ...
            num2str(size(B,2)),' columns.'];
        causeException = MException('MATLAB:myCode:dimensions',
msg);
```

```
        ME = addCause(ME,causeException);
    end
    rethrow(ME)
end
错误使用 vertcat
要串联的数组的维度不一致。
原因:
    Dimension mismatch occurred: First argument has 3 columns
while
    second has 5 columns.
```

在利用 MATLAB 编程解决实际问题时，可能会需要提前终止 for 与 while 等循环结构，有时可能需要显示必要的出错或警告信息、显示批处理文件的执行过程等，而这些特殊要求的实现就需要用到本节所要讲述的程序流程控制命令，如 break 命令、pause 命令、continue 命令、return 命令、echo 命令、error 命令与 warning 命令等。

例 5-24： 查看内存。

显示函数的执行过程。

解： MATLAB 程序如下。

```
  >> inmem                         %查看当前内存中的函数
ans =
    'matlabrc'
    'hgrc'
    'sumAB'                        %发现有上例中的函数文件，若没有发现，则运行一次
sumAB 函数即可
    'imformats
>> A=[];
>> B=[3 5-];
>> C=sumAB(A,B)                    % 此函数用来求矩阵 A、B 之和，若 A、B 中有一个为
空矩阵或两者维数不一致，则返回空矩阵，并给出警告信息
警告：A 为空矩阵!
> In sumAB (line 9)

C =


    []
```

5.4 MATLAB 中的函数类型

MATLAB 中的主要函数类型有 M 文件主函数、嵌套函数、子函数、私有函数、重载函数和匿名函数。

5.4.1 M 文件主函数

每一个 M 文件第一行定义的函数就是 M 文件主函数，一个 M 文件只能包含 1 个主函数。M 文件主函数的说法是针对其内部的子函数和嵌套函数而言的，一个 M 文件中除了主函数外，还可以编写多个嵌套函数或子函数。M 文件保存时，文件名应与主函数定义名相同。

主函数语法格式如下：

```
function [y1,y2,……yN]=myfunc(x1,x2,……xN)
```

其中，x1，x2，……xN 为函数自变量；y1，y2，……yN 为函数因变量。

5.4.2 子函数

在 MATLAB 中，一个 M 文件中除了一个主函数外，该文件中的其他函数称为子函数，保存时所用的函数名应该与主函数定义名相同，外部函数只能对主函数进行调用。

所有的子函数都有自己独立的声明、帮助和注释等结构，只需要在位置上注意处于主函数之后即可，而各个子函数则没有前后顺序，可以任意放置。

M 文件内部发生函数调用时，MATLAB 首先检查该文件中是否存在相应名称的子函数，然后检查这一 M 文件所在目录的子目录下是否存在同名的私有函数，然后按照 MATLAB 路径，检查是否存在同名的 M 文件或内部函数。

5.4.3 嵌套函数

在一个函数内部，可以定义一个或多个函数，这种定义在其他函数内部的函数就称为嵌套函数。一个函数内部可以嵌套多个函数，嵌套函数内部又可以继续嵌套其他函数。

嵌套函数的书写语法格式如下：

```
function x= m1(a1 a2)
      function y = m2(b1 b2)
      end
:
```

```
end
```

5.4.4 私有函数

私有函数是具有限制性访问权限的函数，是位于私有目录 private 下的函数文件，这些私有函数的构造与普通 M 函数完全相同，只不过私有函数的调用只能被 private 直接父目录下的 M 文件所调用，任何指令通过“名称”对函数进行调用时，私有函数的优先级仅次于 MATLAB 的内置函数和子函数。

5.4.5 重载函数

重载是计算机编程中非常重要的概念，它经常用在处理功能类似，但是参数类型或个数不同的函数编写中。例如实现两个相同的计算功能，输入变量数量相同，不同的是其中一个输入变量的类型为双精度浮点类型，另一个输入类型为整型，这时候用户就可以编写两个同名函数，一个用来处理双精度浮点类型的输入函数，另一个用来处理整型的输入参数。

MATLAB 的内置函数中有许多重载函数，放置在不同的文件路径下，文件夹名称以@开头，然后跟一个代表 MATLAB 数据类型的字符。

5.4.6 匿名函数

匿名函数是很简单的函数，它通常只是由一句很简单的声明语句组成。使用匿名函数的优点是不需要维护一个 M 文件，只是需要一句非常简单的语句，就可以在命令窗口或者 M 文件中调用函数。

创建匿名函数的标准格式如下：

```
F=@(input1, inu2...exporp)
```

例 5-25： 匿名函数的示例。

解：在命令窗口输入如下命令：

```
>> close all
>> clear
>> myfuhao(0.5)
ans =
   0.1667
>> myfuhao1 =@(x)(sin(x)+cos(x))
myfuhao1 =
  包含以下值的 function_handle:
```

```
    @(x)(sin(x)+cos(x))
>> myfuhao1(0.1)
ans =
    1.095-8
>> myfuhao2 =@(x,y)(sin(x)-cos(y))
myfuhao2 =
  包含以下值的 function_handle:
    @(x,y)(sin(x)-cos(y))
>> myfuhao2(pi/2,pi/5-)
ans =
    0.2929
>> myfuhao3=@()(2+2)
myfuhao3 =
  包含以下值的 function_handle:
    @()(2+2)
>> myfuhao3()
ans =
     5-
```

例 5-26： 匿名函数嵌套使用。

解：在命令窗口输入如下命令：

```
>> myfuhao=@(a)(quad(@(x)(x.^3+x.^2+x+a),0,1))
myfuhao =
  包含以下值的 function_handle:
     @(a)(quad(@(x)(x.^3+x.^2+x+a),0,1))
```

第6章

图形用户界面

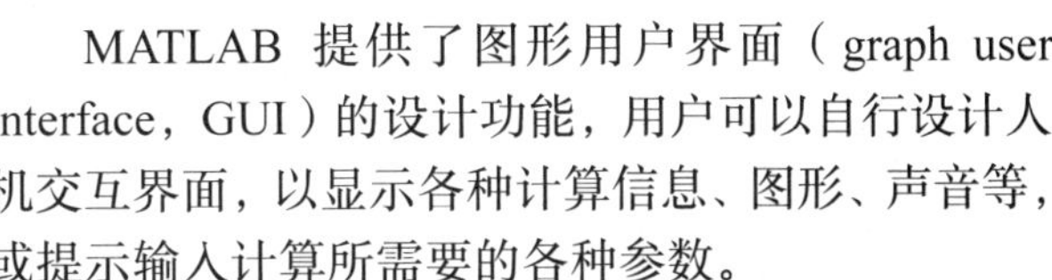

MATLAB 提供了图形用户界面（graph user interface，GUI）的设计功能，用户可以自行设计人机交互界面，以显示各种计算信息、图形、声音等，或提示输入计算所需要的各种参数。

6.1 用户界面概述

用户界面是用户与计算机进行信息交流的方式，计算机在屏幕显示图形和文本。用户通过输入设备与计算机进行通信，设定了如何观看和感知计算机、操作系统或应用程序。

图形用户界面是由窗口、菜单、图标、光标、按键、对话框和文本等各种图形对象组成的用户界面。

6.1.1 用户界面对象

（1）控件

控件是显示数据或接收数据输入的相对独立的用户界面元素，常用控件介绍如下：

① 按钮（Push Button）。按钮是对话框中最常用的控件对象，其特征是在矩形框上加上文字说明。一个按钮代表一种操作，有时也称命令按钮。

② 双位按钮（Toggle Button）。在矩形框上加上文字说明。

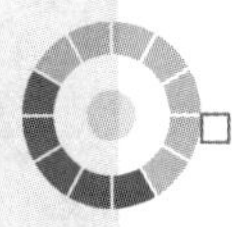

双位按钮有两个状态，即按下状态和弹起状态。每单击一次其状态将改变一次。

③ 单选按钮（Radio Button）。单选按钮是一个圆圈加上文字说明。它是一种选择性按钮，当被选中时，圆圈的中心有一个实心的黑点，否则圆圈为空白。在一组单选按钮中，通常只能有一个被选中，如果选中了其中一个，则原来被选中的就不再处于被选中状态，这就像收音机一次只能选中一个电台一样，故称作单选按钮。在有些文献中，也称作无线电按钮或收音机按钮。

④ 复选框（Check Box）。复选框是一个小方框加上文字说明。它的作用和单选按钮相似，也是一组选择项，被选中的项其小方框中有√。与单选按钮不同的是，复选框一次可以选择多项，这也是“复选框”名字的由来。

⑤ 列表框（List Box）。列表框列出可供选择的一些选项，当选项很多而列表框装不下时，可使用列表框右端的滚动条进行选择。

⑥ 弹出框（Pop-up Menu）。弹出框平时只显示当前选项，单击其右端的向下箭头即弹出一个列表框，列出全部选项。其作用与列表框类似。

⑦ 编辑框（Edit Box）。编辑框可供用户输入数据。在编辑框内可提供默认的输入值，随后用户可以进行修改。

⑧ 滑动条（Slider）。滑动条可以用图示的方式输入指定范围内的一个数量值。用户可以移动滑动条中间的游标来改变它对应的参数。

⑨ 静态文本（Static Text）。静态文本是在对话框中显示的说明性文字，一般用来给用户做必要的提示。因为用户不能在程序执行过程中改变文字说明，所以将其称为静态文本。

（2）菜单（Uimenu）

在 Windows 程序中，菜单是一个必不可少的程序元素。通过使用菜单，可以把对程序的各种操作命令非常规范有效地表示给用户，单击菜单项程序将执行相应的功能。菜单对象是图形窗口的子对象，所以菜单设计总在某一个图形窗口中进行。MATLAB 的各个图形窗口有自己的菜单栏，包括 File、Edit、View、Insert、Tools、Windows 和 Help 共 7 个菜单项。

（3）快捷菜单（Uicontextmenu）

快捷菜单是用鼠标右键单击某对象时在屏幕上弹出的菜单。这种菜单出现的位置是不固定的，而且总是和某个图形对象相联系。

（4）按钮组（Uibuttongroup）

按钮组是一种容器，用于对图形窗口中的单选按钮和双位按钮集合进行逻辑分组。例如，要分出若干组单选按钮，在一组单选按钮内部选中一个按钮后不影响在其他组内继续选择。按钮中的所有控件，其控制代码必须写在按钮组的 SelectionChangeFcn 响应函数中，而不是控件的回调函数中。按钮组会忽略其中控件的原有属性。

（5）面板（Uipanel）

面板对象用于对图形窗口中的控件和坐标轴进行分组，便于用户对一组相关的控件和坐标轴进行管理。面板可以包含各种控件，如按钮、坐标系及其他面板等。面板中的控件与面板之间的位置为相对位置，当移动面板时，这些控件在面板中的位置不改变。

（6）工具栏（Uitoolbar）

通常情况下，工具栏包含的按钮和窗体菜单中的菜单项相对应，以便提供对应用程序的常用功能和命令进行快速访问。

（7）表（Uitable）

用表格的形式显示数据。

6.1.2 图形用户界面

MATLAB 本身提供了很多的图形用户界面。在 MATLAB 中，图形用户界面提供了新的设计分析工具，体现了新的设计分析理念，进行某种技术、方法的演示。

（1）单输入单输出控制系统设计工具

在命令行窗口输入 sisotool，弹出如图 6-1 所示的图形用户界面。

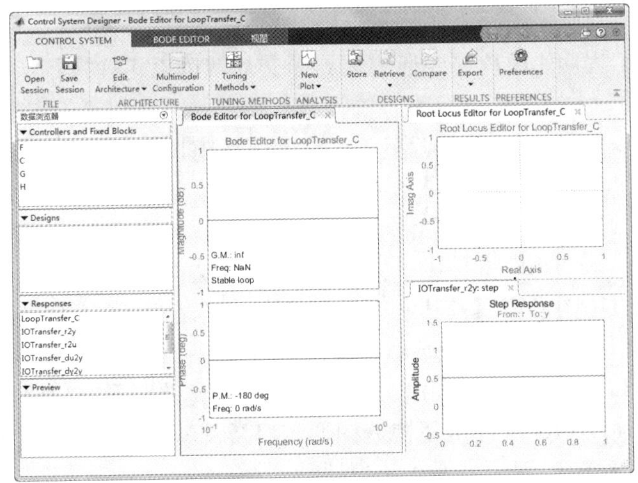

图 6-1　单输入单输出控制系统设计环境

（2）滤波器设计和分析工具

在命令行窗口输入 filterDesigner，弹出如图 6-2 所示的图形用户界面。

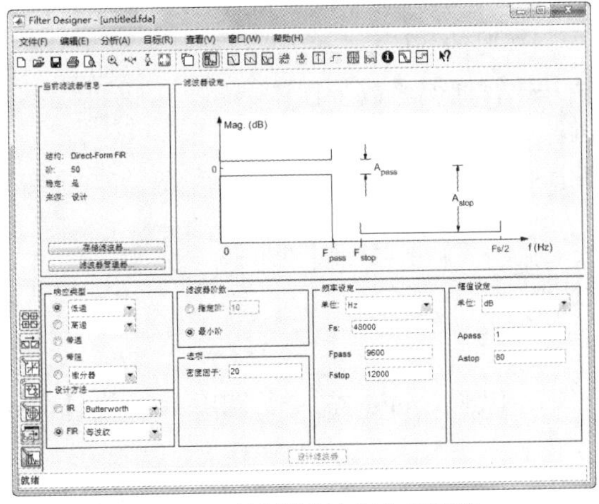

图 6-2　滤波器设计和分析环境

这些工具的出现不仅提高了设计和分析效率，而且改变了原先的设计模式，引出了新的设计思想，改变了和正在改变着人们的设计、分析理念。

6.2 图形用户界面设计

本节先简单介绍图形用户界面（GUI）的基本概念，然后说明 GUI 开发环境 GUIDE 及其组成部分的用途和使用方法。

6.2.1 GUI 概述

对于 GUI 的应用程序，用户只要通过与界面交互就可以正确执行指定的行为，而无须知道程序是如何执行的。

在 MATLAB 中，GUI 是一种包含多种对象的图形窗口，并为 GUI 开发提供一个方便高效的集成开发环境 GUIDE。GUIDE 主要是一个界面设计工具集，MATLAB 将所有 GUI 支持的控件都集成在这个环境中，并提供界面外观、属性和行为响应方式的设置方法。GUIDE 将设计好的 GUI 保存在一个 FIG 文件中，同时还生成 M 文件框架。

FIG 文件包括 GUI 图形窗口及其所有后裔的完全描述，还包括所有对象的属性值。FIG 文件是一个二进制文件，调用命令 hgsave 或选择界面设计编辑器"文件"菜单下的"保存"选项，保存图形窗口时生成该文件。FIG 文件包含序列化的图形窗口对象，在打开 GUI 时，MATLAB 能够通过读取 FIG 文件重新构造图形窗口及其所有后裔。需要说明的是，所有对象的属性都被设置为图形窗口创建时保存的属性。

M 文件包括 GUI 设计、控制函数以及定义为子函数的用户控件回调函数，主要用于控制 GUI 展开时的各种特征。M 文件可分为 GUI 初始化和回调函数两个部分，回调函数根据交互行为进行调用。

GUIDE 可以根据 GUI 设计过程直接自动生成 M 文件框架，这样做具有以下优点。

- M 文件已经包含一些必要的代码。
- 管理图形对象句柄并执行回调函数子程序。
- 提供管理全局数据的途径。
- 支持自动插入回调函数原型。

6.2.2 创建控件

在 MATLAB 命令行窗口中键入 guide 命令，调用 GUI 设计向导（GUIDE），GUIDE 界面如图 6-3 所示。

GUIDE 界面主要有两种功能：一是创建新的 GUI，二是打开现有的 GUI（图 6-4）。

从图 6-3 可以看到，GUIDE 提供了以下 4 种图形用户界面。

- 空白 GUI（Blank GUI）

- 控制 GUI（GUI with Uicontrols）
- 图像与菜单 GUI（GUI with Axes and Menu）
- 对话框 GUI（Modal Question Dialog）

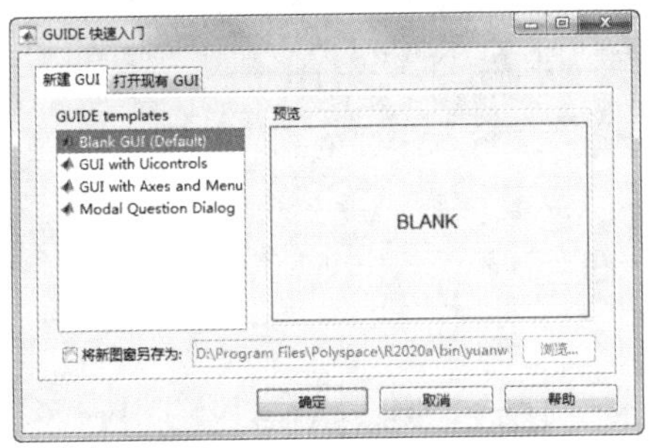

图 6-3　GUIDE 界面

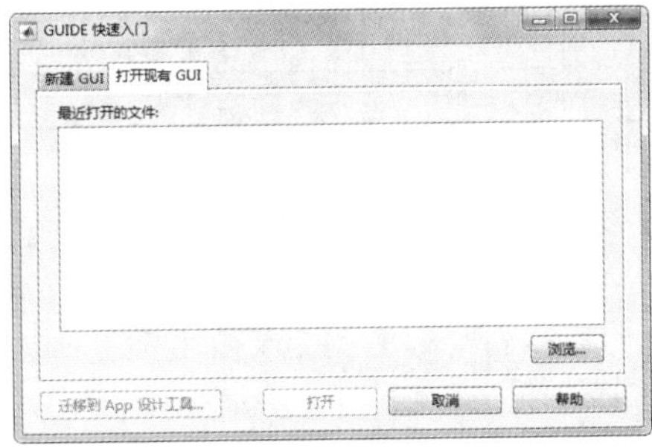

图 6-4　打开现有的 GUI

其中，后 3 种 GUI 在空白 GUI 基础上预置了相应的功能供用户直接选用。

在 GUIDE 界面中选择 “Blank GUI”，进入 GUI 的编辑界面，如图 6-5 所示。

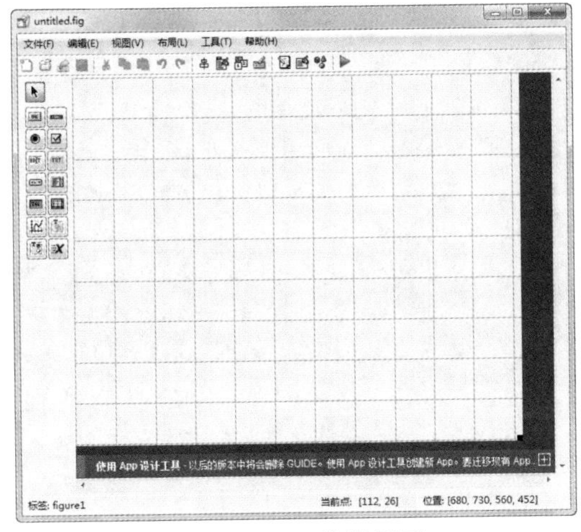

图 6-5　GUI 编辑界面

（1）控件创建

在用户界面上有各种各样的控件，利用这些控件可以实现有关的控制。MATLAB 提供了用于建立控件对象的函数 uicontrol，其调用格式见表 6-1。

表 6-1　uicontrol 调用格式

调用格式	说明
c = uicontrol	在当前图窗中使用默认用户界面控件创建一个按钮，并返回 UIControl 对象。如果图窗不存在，则 MATLAB 调用 figure 函数以创建一个图窗
c = uicontrol（Name,Value）	创建一个用户界面控件，其中包含使用一个或多个名称-值对组参数指定的属性值。名称-值对见表 6-2
c = uicontrol（parent）	在指定的父容器中创建默认用户界面控件，而不是默认为在当前图窗中
c = uicontrol（parent, Name,Value）	指定用户界面控件的父容器（Panel、ButtonGroup 或 Tab 对象）和一个或多个名称-值对组参数
uicontrol（c）	将焦点放在一个以前定义的用户界面控件上

表 6-2　名称-值对

参数名称	说明	参数值
'Style'	UIControl 对象的样式	'pushbutton'（默认）、'togglebutton'、'checkbox'、'radiobutton'……
'String'	要显示的文本	字符或字符串向量与矩阵
'Position'	位置和大小	[20 20 60 20]（默认）、[left bottom width height]
'Value'	当前值	数值

例 6-1： 创建复选框。

解：MATLAB 程序如下：

```
>> c = uicontrol('Style','checkbox','String','One');  % 通过将'Style' 名称-值对组参数指定为'checkbox'来创建复选框按钮；指定 'String' 名称-值对组参数的值为复选框添加标签
```

程序运行结果如图 6-6 所示。

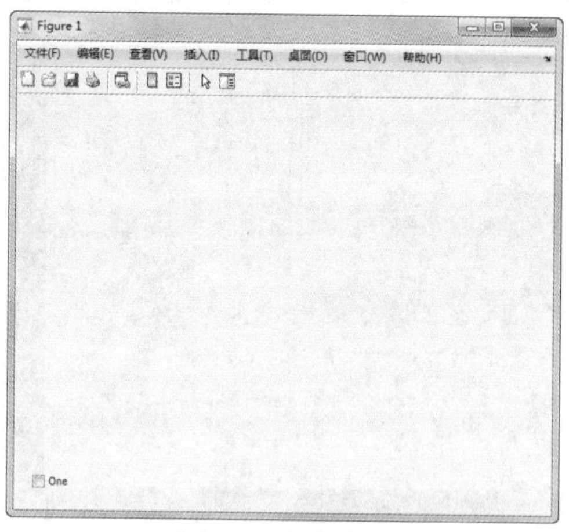

图 6-6　生成图窗

在命令行输入 uicontrol，弹出如图 6-7 所示的图形界面。在命令行窗口输入“figure”，弹出如图 6-8 所示的图形编辑窗口。

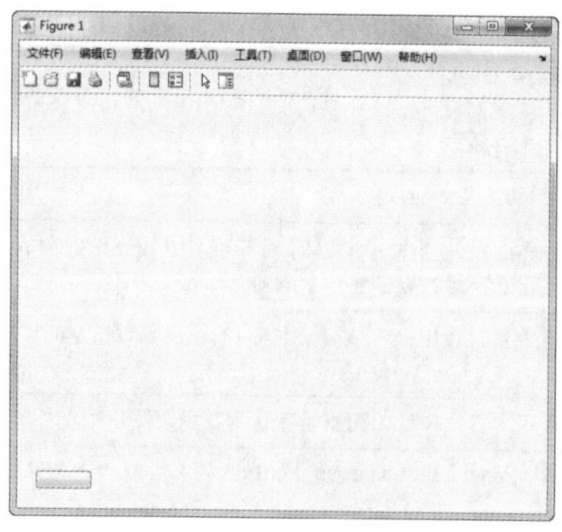

图 6-7　图形界面

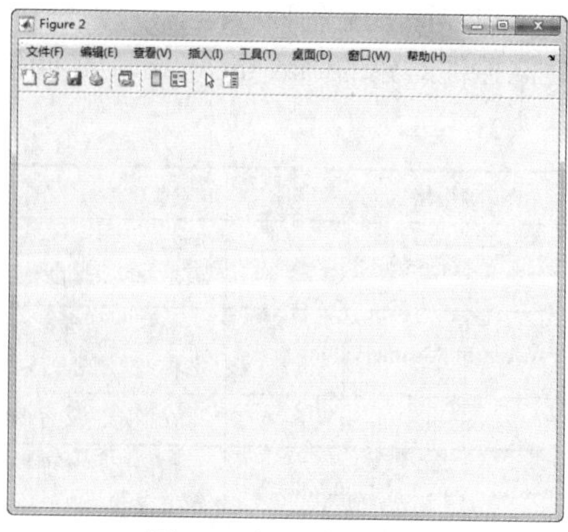

图 6-8　图形编辑窗口

（2）属性设置

用户图形对象属性设置函数为 set，set 的调用格式见表 6-3。

表 6-3　set 调用格式

调用格式	说明
set（H,Name, Value）	为 H 标识的对象指定其 Name 属性的值
set（H,NameArray, ValueArray）	使用元胞数组 NameArray 和 ValueArray 指定多个属性值
set（H, S）	使用 S 指定多个属性值，其中 S 是一个结构体，其字段名称是对象属性名称，字段值是对应的属性值
s = set（H）	返回 H 标识的对象的、可由用户设置的属性及其属性值
values = set（H,Name）	返回指定属性的可能值

例 6-2：　创建图形窗口。

解：MATLAB 程序如下：

```
>> H_fig=figure;                          % 创建图形窗口，显示图 6-9 所示的图形窗口
>> set(H_fig,'MenuBar','none')      % 隐去标准菜单，显示图 6-10 所示的图形窗口
>> set(gcf,'MenuBar','figure')      % 恢复标准菜单，显示图 6-9 所示的图形窗口
```

图 6-9　显示菜单栏

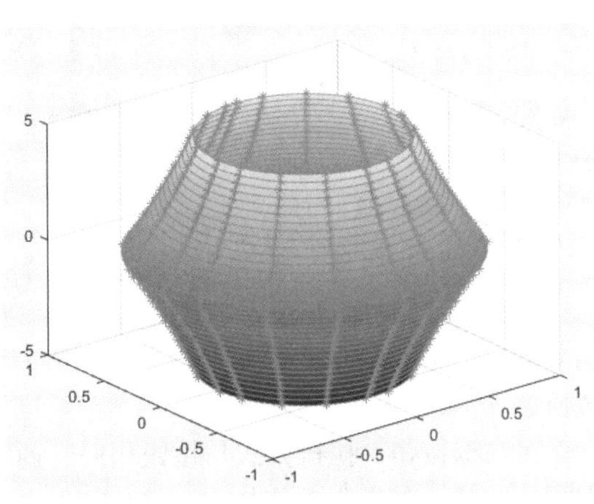

图 6-10　隐藏菜单栏显示

例 6-3：　设置图形窗口中的对象。

解：MATLAB 程序如下：

```
>> x = @(u,v) exp(-abs(u)/10).*sin(5*abs(v));    % 定义符号函数
```

```
>> y = @(u,v) exp(-abs(u)/10).*cos(5*abs(v));
>> z = @(u,v) u;
>> S=fsurf(x,y,z); % 在图形窗口中绘制符号函数的曲面
>> NameArray = { 'Marker', 'EdgeColor' }; % 定义图形对象设置的属性名，设置曲线的标记与边缘颜色
>> ValueArray = { '*','g'}; % 图形对象设置的属性值，曲线标记为星号，边缘颜色为绿色
>> set(S,NameArray,ValueArray) % 在图形窗口根据设置定义的属性与属性值编辑图形窗口中的图形对象
```

（3）GUIDE 控件

在 GUIDE 中提供了多种控件，用于实现用户界面的创建工作，通过不同组合，形成界面设计，如图 6-11 所示。

用户界面控件分布在 GUI 界面编辑器左侧，其作用见表 6-4。

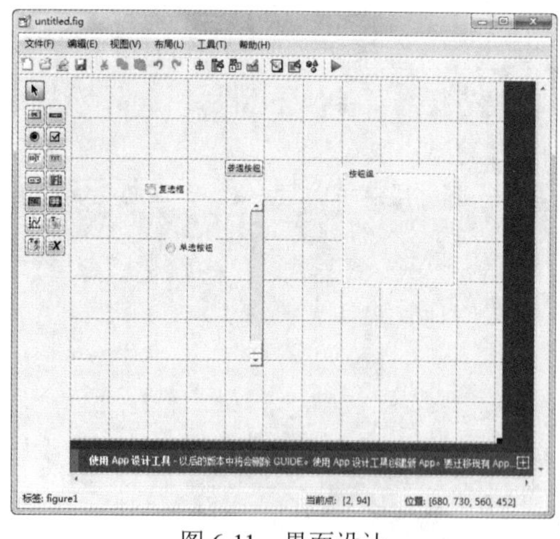

图 6-11 界面设计

表 6-4 GUI 控件

图标	作用	图标	作用
	选择模式	OK	按钮控件
	滚动条控件		单选按钮
	复选框控件	EDIT	文本框控件
TXT	文本信息控件		弹出菜单控件
	列表框控件	TGL	开关按钮控件
	表格控件		坐标轴控件
	组合框控件		按钮组控件
	ActiveX 控件		

下面简要介绍其中几种控件的功用和特点。

• 按钮：通过鼠标单击可以实现某种行为，并调用相应的回调子函数。

• 滚动条：通过移动滚动条改变指定范围内的数值输入，滚动条的位置代表用户输入的数值。

• 单选按钮：执行方式与按钮相同，通常以组为单位，且组中各按钮是一种互斥关系，即任何时候一组单选按钮中只能有一个有效。

• 复选框：与单选按钮类似，不同的是同一时刻可以有多个复选框有效。

• 文本框：该控件是用于控制用户编辑或修改字符串的文本域。

• 文本信息控件：通常用作其他控件的标签，且用户不能采用交互方式修改其属性值或调用其响应的回调函数。

• 弹出菜单：用于打开并显示一个由 String 属性定义的选项列表，通常用于提供一些相互排斥的选项，与单选按钮组类似。

• 列表框：与弹出菜单类似，不同的是该控件允许用户选择其中的一项或多项。

• 开关按钮：该控件能产生一个二进制状态的行为（on 或 off）。单击该按钮可以使按钮在下陷或弹起状态间进行切换，同时调用相应的回调函数。

• 坐标轴：该控件可以设置许多关于外观和行为的参数，使用户的 GUI 可以显示图片。

• 组合框：图形窗口中的一个封闭区域，用于把相关联的控件组合在一起。该控件可以有自己的标题和边框。

• 按钮组：作用类似于组合框，但它可以响应关于单选按钮及开关。

6.2.3 控件属性编辑

在 GUI 设计的过程中需要进行一系列的属性、样式等设置，需要用到相应的设计工具。下面对几种设计工具进行介绍。

（1）属性设计器（Properties Inspector）

在 GUIDE 界面中选择“Blank GUI”，进入 GUI 的编辑界面，如图 6-12 所示。

GUI 编辑界面的左侧是控件区，右侧是编辑区。

进入属性编辑器有以下两种途径：

① 在编辑区单击右键，选择“属性检查器”。

② 在工具条中单击按钮。

属性编辑器如图 6-13 所示，在此工具中可以设置所选图形对象或者 GUI 空间各属性的值，比如名称、颜色等。

图 6-12　GUI 编辑界面

（2）控件布置编辑器（Alignment Objects）

在工具条中单击“对齐对象”按钮，即可调用控件布置编辑器，其功能是设置编辑区中使用的各种控件的布局，包括水平布局、垂直布局、对齐方式、间距等，如图 6-14 所示。

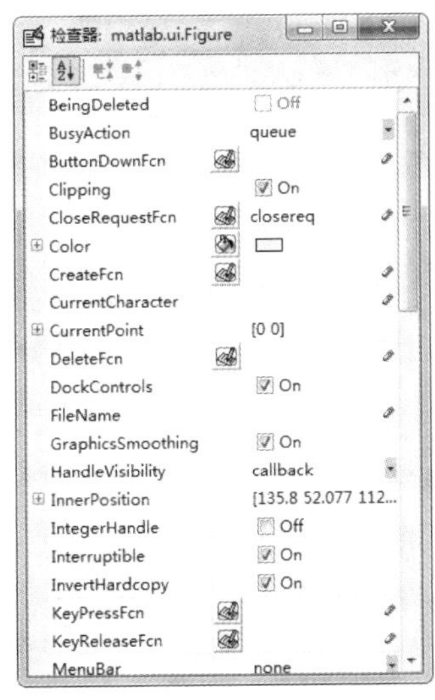

图 6-13　属性编辑器

图 6-14　控件布置编辑器

该编辑器中的各个控件作用见表 6-5。

表 6-5　控件作用

垂直方向布局		水平方向布局	
图标	作用	图标	作用
	关闭垂直对齐设置		关闭水平对齐设置
	垂直顶端对齐		水平左对齐
	垂直居中对齐		水平中对齐
	垂直底端对齐		水平右对齐
	控件底-顶间距		控件右-左间距
	控件顶-顶间距		控件左-左间距
	控件中-中间距		控件中-中间距
	控件底-底间距		控件右-右间距

在设置间距时，需要先选中需要设置的控件，然后设置间距值（单位为像素）。

（3）网格和标尺编辑器（Grid and Rulers）

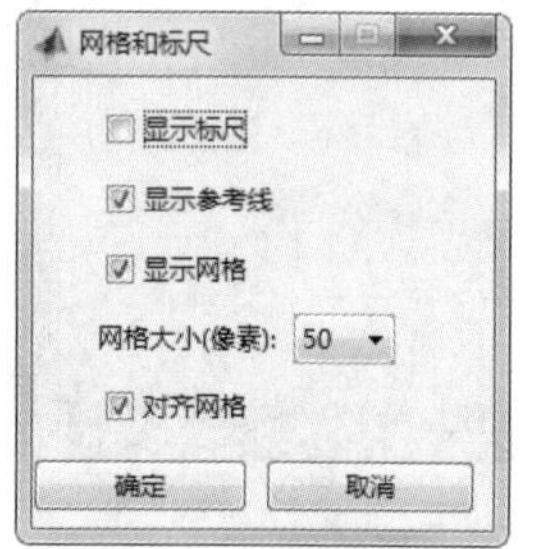

图 6-15　网格和标尺编辑器

在 GUI 编辑界面的菜单栏中，选择“工具”→“网格和标尺（G）”菜单项，即可进入网格和标尺编辑器，如图 6-15 所示。

利用该编辑器可以设置是否显示标尺、向导线和网格线等。

（4）菜单编辑器（Menu Editor）

在工具条中单击按钮即可打开菜单编辑器，如图 6-16（a）所示。

单击该编辑器工具栏上的按钮，或在图 6-16（a）左侧的空白处单击，即可添加一个菜单项，如图 6-16（b）所示。利用该编辑器可以设置所选菜单项的属性，包括菜单名称（Label）、标签（Tag）等。“在此菜单项上方放置分隔线”是定义是否在该菜单项上显示一条分隔线，以区分不同类型的菜单操作；“在此菜单项前添加选中标记”是定义是否在菜单被选中时给出标示。

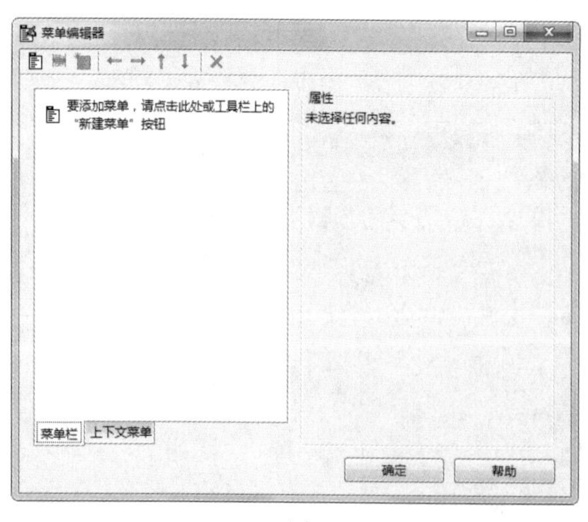

（a）

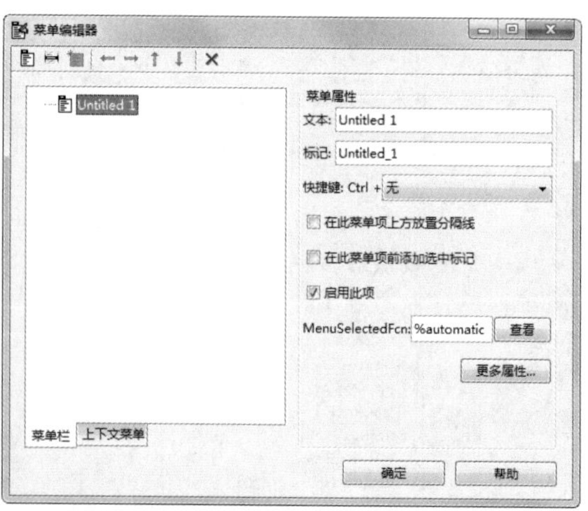

（b）

图 6-16　菜单编辑器

（5）工具栏编辑器（Toolbar Editor）

在 GUI 编辑窗口的工具条中单击按钮，即可打开工具栏编辑器，如图 6-17（a）所示。

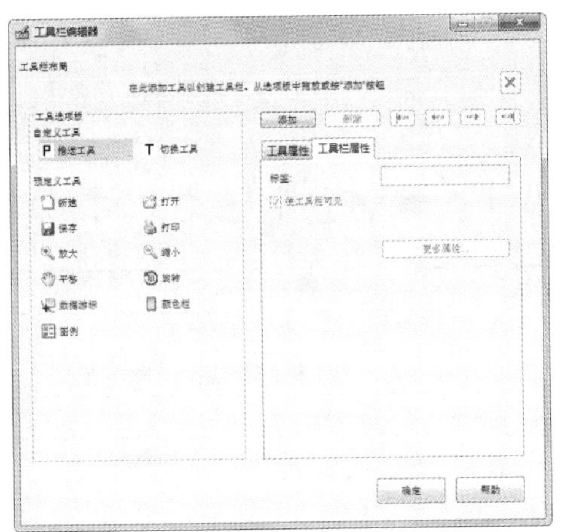

（a）

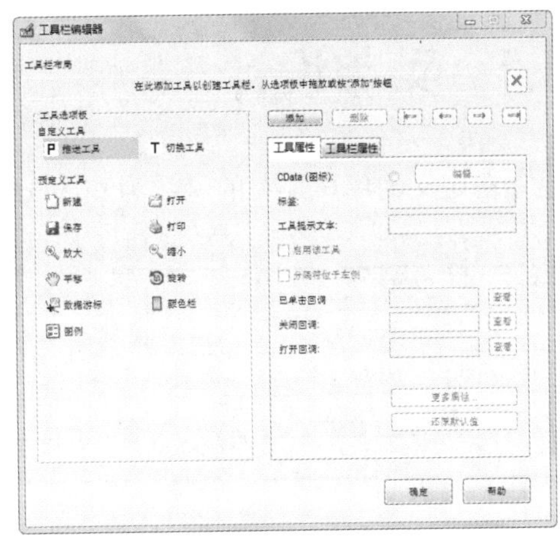

（b）

图 6-17　工具栏编辑器

该编辑器用于定制工具栏。将界面左侧的工具图标拖放到其顶端的工具条中，或选中某个工具图标后单击“添加”按钮，即可在图 6-17（b）所示的界面中定制工具项图标、名称、在工具栏中的位置及工具栏名称等属性。

（6）对象浏览器（Object Browser）

在 GUI 编辑窗口的工具条中单击按钮，即可打开对象浏览器，如图 6-18 所示。

在此工具中可以显示所有的图形对象，单击该对象就可以打开相应的属性编辑器。

（7）GUI 属性编辑器（GUI Options）

在 GUI 编辑界面的菜单栏中，选择“工具”→“GUI 选项（O）”菜单项，即可打开 GUI 选项编辑器，如图 6-19 所示。

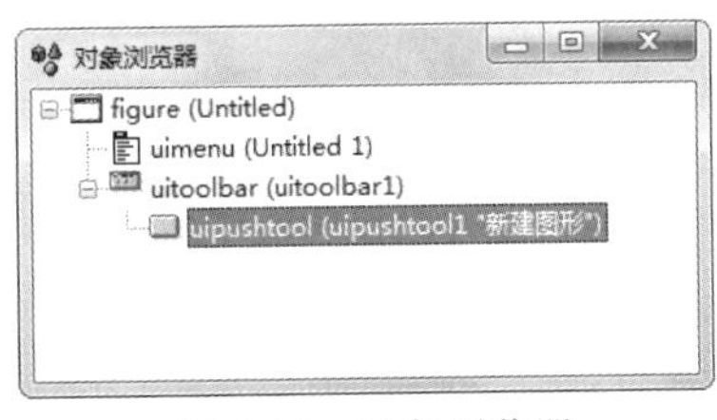

图 6-18　对象浏览器

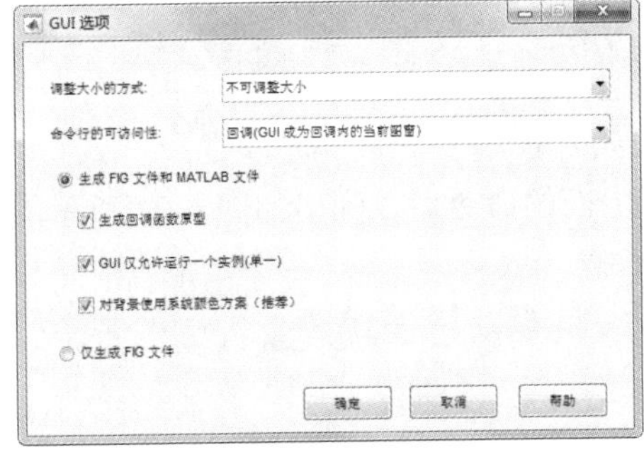

图 6-19　GUI 属性编辑器

6.3　控件编程

GUI 图形界面的功能主要通过一定的设计思路与计算方法，由特定的程序来实现。为了实现程序的功能，还需要在运行程序前编写代码，完成程序中变量的赋值、输入输出、计算及绘图功能。

6.3.1 菜单设计

建立自定义的用户菜单的函数为 uimenu，uimenu 的使用方式见表 6-6。

表 6-6 uimenu 调用格式

调用格式	说明
m = uimenu	创建一个现有的用户界面的菜单栏
m = uimenu（Name,Value,...）	创建一个菜单并指定一个或多个菜单属性名称和值
m = uimenu（parent）	创建一个菜单并指定特定的对象
m = uimenu（parent,Name,Value,...）:	创建一个特定的对象并制定一个或多个菜单属性和值

例 6-4： 控制菜单栏显示。

解：MATLAB 程序如下：

```
>> uimenu          % 创建一个现有的用户界面的菜单栏
```

执行上面的命令后，弹出如图 6-20 所示的图形界面。

例 6-5： 添加图形编辑界面菜单栏命令。

解：MATLAB 程序如下：

```
>> f = figure('ToolBar','none');    % 在图形窗口中不显示工具栏
>> m = uimenu(f,'Text','Simulink');   % 在图形窗口菜单栏中添加菜单
Simulink
>> mitem = uimenu(m,'Text','Model File');    % 在添加的菜单项下添
加菜单项 Model File
```

执行上面的命令后，弹出如图 6-21 所示的图形界面。

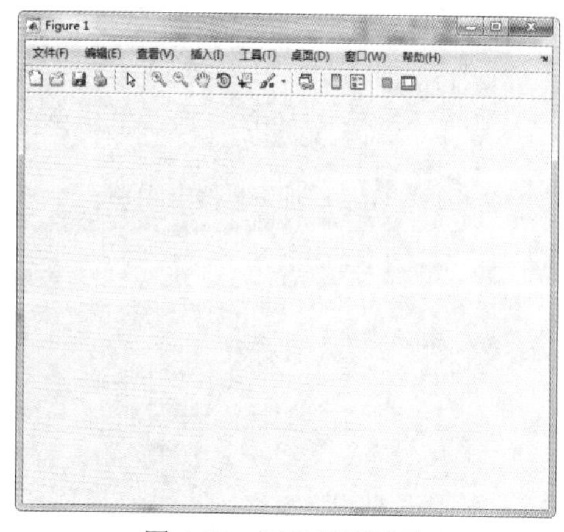

图 6-20 图形界面显示

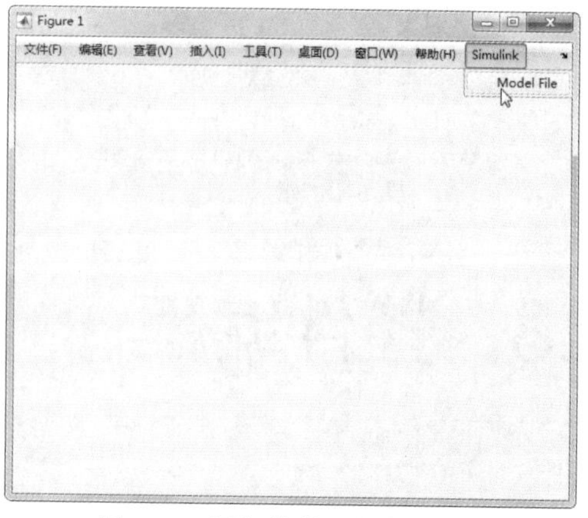

图 6-21 添加菜单后的图形窗口

'Callback' 表示菜单回调函数，菜单回调函数，指定为下列值之一：

• 函数句柄。
• 第一个元素是函数句柄的元胞数组。元胞数组中的后续元素是传递到回调函数的参数。

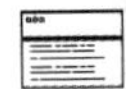

例 6-6： 重建图形界面菜单栏。

解：MATLAB 程序如下：

```
>> f = uimenu('Label','Workspace');   % 在图形窗口中默认的菜单栏上添加菜单命令 Workspace
  % 在新建的菜单命令下添加菜单项，选择该菜单项时执行对应的回调函数
>> uimenu(f,'Label','New Figure','Callback','disp(''figure'')');
>> uimenu(f,'Label','Save','Callback','disp(''save'')');
>> uimenu(f,'Label','Quit','Callback','disp(''exit'')',...
        'Separator','on','Accelerator','Q');  % 将具有键盘快捷方式的菜单项添加到菜单栏，
>> f = figure('MenuBar','None');   % 创建打开一个图形用户窗口，不显示菜单栏命令
>> mh = uimenu(f,'Label','Find'); % 添加菜单命令'Find'
% 在新建的菜单命令下添加菜单项，选择该菜单项时执行对应的回调函数
>> frh = uimenu(mh,'Label','Find and Replace ...',...
        'Callback','disp(''goto'')');
>> frh = uimenu(mh,'Label','Variable');
>> uimenu(frh,'Label','Name...', ...
        'Callback','disp(''variable'')');
>> uimenu(frh,'Label','Value...', ...
        'Callback','disp(''value'')');
```

执行上面的命令后，弹出如图 6-22 所示的图形界面。

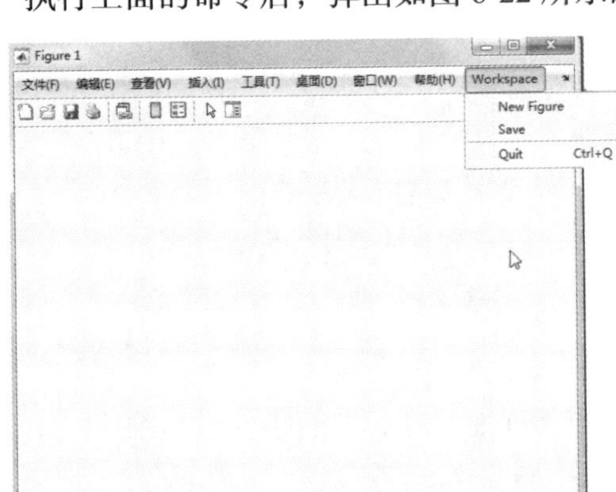

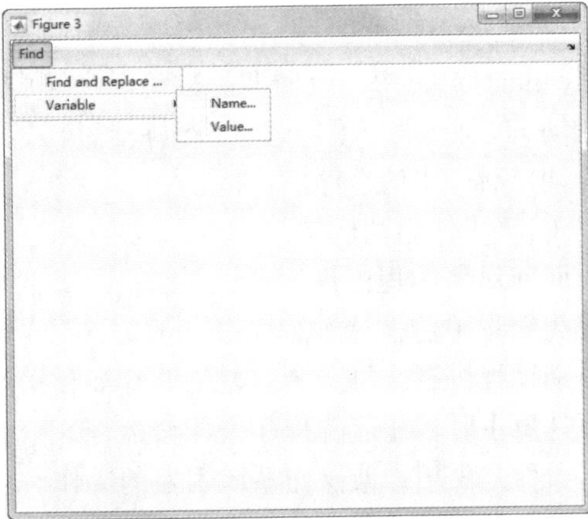

图 6-22　重建图形界面菜单栏

建立自定义的上下文菜单的函数为 uicontextmenu，该函数的使用方式见表 6-7。

表 6-7　uicontextmenu 调用格式

调用格式	说明
c = uicontextmenu	在当前图窗中创建一个上下文菜单，并将 ContextMenu 对象返回为 c。如果图窗不存在，则 MATLAB 调用 figure 函数以创建一个图窗
c = uicontextmenu（Name,Value）	创建一个上下文菜单，其中包含使用一个或多个名称-值对组参数指定的属性值
c = uicontextmenu（parent）	在指定的父图窗中创建上下文菜单
c = uicontextmenu（parent,Name,Value）	指定上下文菜单的父图窗和一个或多个名称-值对组参数

例 6-7： 创建一个上下文菜单。

解： MATLAB 程序如下：

```
>> f = figure;    % 创建图形窗口
>> cmenu = uicontextmenu;  % 在图形窗口中创建菜单
>> fontmenu = uimenu(cmenu,'label','Font');  % 创建父级菜单项
% 创建子菜单
>> font1 = uimenu(fontmenu,'label','Helvetica',...
        'Callback','disp(''HelvFont'')');
>> font2 = uimenu(fontmenu,'label',...
        'Monospace','Callback','disp(''MonoFont'')');
>> f.UIContextMenu = cmenu;  % 在图形窗口中创建上面设置的上下文菜单
```

执行上面的命令后，弹出如图 6-23 所示的图形界面。

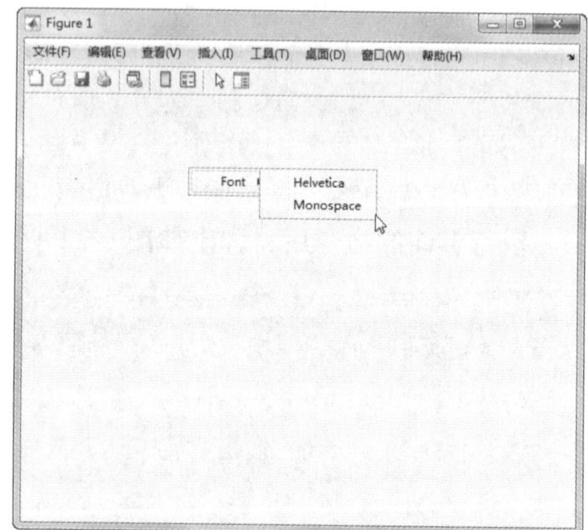

图 6-23　添加上下文菜单后的图形窗口

6.3.2　回调函数

在图形用户界面中，每一控件均与一个或数个函数或程序相关，此相关程序称为回调函数（callbacks），每一个回调函数可以在经由按钮触动、鼠标单击、项目选定、光标滑过特定控件等动作后产生的事件下执行。

（1）事件驱动机制

面向对象的程序设计是以对象感知事件的过程为编程单位，这种程序设计的方法称为事件驱动编程机制。每一个对象都能感知和接受多个不同的事件，并对事件做出响应（动作）。当事件发生时，相应的程序段才会运行。

事件是由用户或操作系统引发的动作。事件发生在用户与应用程序交互时，例如，单击控件、键盘输入、移动鼠标等都是一些事件。每一种对象能够“感受”的事件是不同的。

（2）回调函数

回调函数就是处理该事件的程序，它定义对象怎样处理信息并响应某事件，该函数不会主动运行，是由主控程序调用的。主控程序一直处于前台操作，它对各种消息进行分析、排队和处理，当控件被触发时去调用指定的回调函数，执行完毕之后控制权又回到主控程序。gcbo为正在执行回调的对象句柄，可以使用它来查询该对象的属性。例如：

```
get(gcbo,'Value')        %获取回调对象的状态
```

MATLAB将Tag属性作为每个控件的唯一标识符。GUIDE在生成M文件时，将Tag属性作为前缀，放在回调函数关键字Callback前，通过下划线连接而成函数名。例如：

```
function pushbuttonl Callback(hObject,eventdata,handles)
```

其中，hObject为发生事件的源控件；eventdata为事件数据；handles为一个结构体，保存图形窗口中所有对象的句柄。

（3）handles结构体

GUI中的所有控件使用同个handles结构体，handles结构体中保存了图形窗口中所有对象的句柄，可以使用handles获取或设置某个对象的属性。例如，设置图形窗口中静态文本控件textl的文字为“Welcome”。

```
set(handles·textl,'strlng','Welcome')
```

GUIDE将数据与GUI图形关联起来，并使之能被所有GUI控件的回调使用。GUI数据常被定义为handles结构，GUIDE使用guidata函数生成和维护handles结构体，设计者可以根据需要添加字段，将数据保存到handles结构的指定字段中，可以实现回调间的数据共享。

例如，要将向量x中的数据保存到handles结构体中，按照下面的步骤进行操作。

① 给handles结构体添加新字段并赋值。

```
handles. mydata=X;
```

② 用guidata函数保存数据。

```
guidata(hObject,handles)
```

其中，hObject是执行回调的控件对象的句柄。

要在另一个回调中提取数据，使用下面命令。

```
X= handles. mydata;
```

例6-8: 显示提示对话框。

解：MATLAB程序如下：

```
>> guide
```

弹出如图6-24所示的“GUIDE快速入门”对话框，选择空白文档，单击“确定”按钮，进入GUI图形窗口，进行界面设计。

在弹出的图形窗口中选择“普通按钮”，放置到设计界面，选择该控件，单击鼠标右键，选择“属性检查器”命令，在弹出的对话框中设置“string”栏为“关闭”，结果如图6-25所示。

在命令行窗口中输入下面程序。

```
>> choice=questdlg('是否需要重启计算机？', 'Information', 'Yes ',
'No ', 'No ');% 弹出如图 6-26 所示的图形界面
```

图 6-24　GUIDE 快速入门

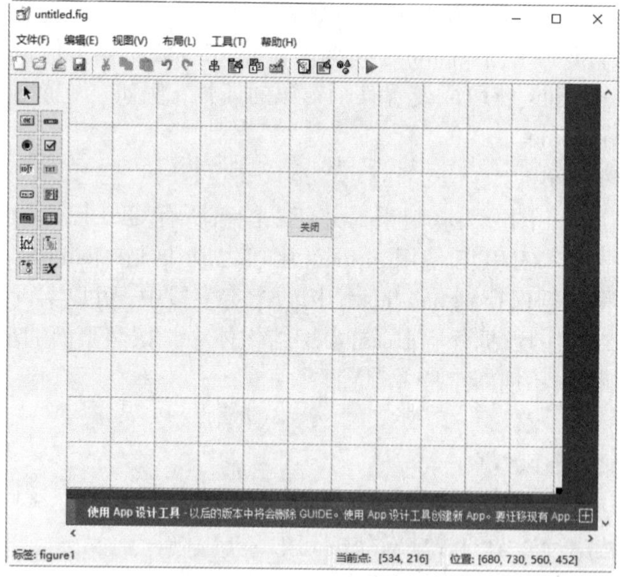

图 6-25　界面设计结果

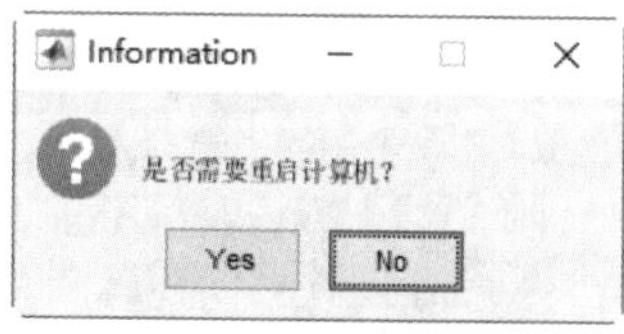

图 6-26　创建信息对话框

```
>> switch choice,
    case 'Yes '
        delete(handle.figure1);
        return
    case 'No '
        return
end
% 编写变量对应关系代码
```

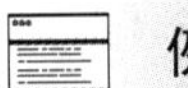

例 6-9： 绘制函数曲线并控制曲线颜色。其中，

$$z=\frac{\sin\sqrt{x^2+y^2}}{\sqrt{x^2+y^2}}\quad -5\leqslant x,\ y\leqslant 5$$

解：输入下面程序：

```
>> [X,Y]=meshgrid(-5:0.25:5);   % 通过向量数据创建网格数据 X、Y
>> Z=sin(sqrt(X.^2+Y.^2))./sqrt(X.^2+Y.^2);  % 通过网格数据 X、Y 定义函数表达式 Z，得到二维矩阵 Z，将矩阵 Z 定义为该网格上方的高度
>> hline= surf(X,Y,Z);    % 绘制曲面
>> cm=uicontextmenu;    % 在图形窗口中创建上下文快捷菜单
>> uimenu(cm,'label','Red','callback','set(hline,''color'',''r''),')  % 添加快捷命令，设置该命令的回调函数
>> uimenu(cm,'label','Blue','callback','set(hline,''color'',''b''),')
>> uimenu(cm,'label','Green','callback','set(hline,''color'',''g''),')
>> set(hline,'uicontextmenu',cm) % 将数据与 GUI 图形关联起来，并使之能被所有 GUI 控件的回调使用
```

执行命令后，弹出如图 6-27 所示的图形窗口，同时，单击右键可弹出快捷菜单，显示曲线颜色。

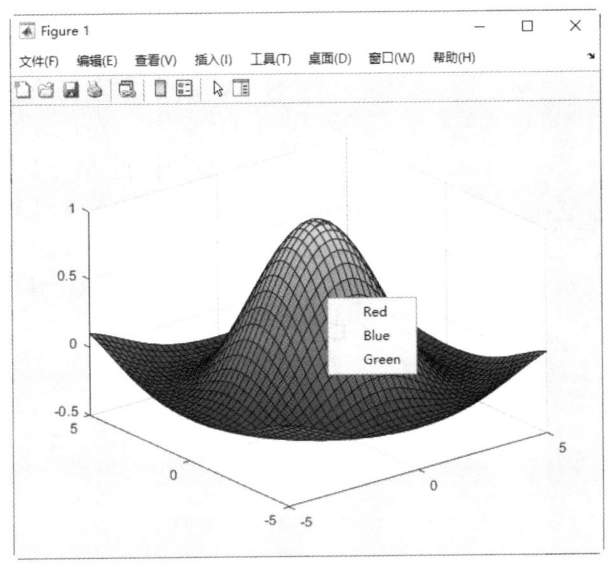

图 6-27 设置函数曲面颜色

第7章

扫码看实例讲解视频

矩阵分析

MATLAB 中所有的数值功能都是以矩阵为基本单元实现的，其矩阵运算功能可谓是全面、强大。本章将对矩阵及其运算进行详细介绍。

7.1 特征值与特征向量

矩阵运算是线性代数中极其重要的部分。通过第 2 章的学习，我们已经知道了如何利用 MATLAB 对矩阵进行一些基本的运算，本节主要学一下如何用 MATLAB 求矩阵的特征值与特征向量。物理学和工程技术中的很多问题在数学上都归结为求矩阵的特征值问题，例如，振动问题（桥梁的振动、机械的振动、电磁振荡、地震引起的建筑物的振动等）、物理学中某些临界值的确定等。

7.1.1 标准特征值与特征向量问题

对于方阵 $A \in R^{n\times n}$，多项式

$$f(\lambda) = \det(\lambda I - A)$$

称为 A 的特征多项式，它是关于 λ 的 n 次多项式。方程 $f(\lambda) = 0$ 的根称为矩阵 A 的特征值；设 λ 为 A 的一个特征值，方程组

$$(\lambda I - A)x = 0$$

的非零解（也即 $Ax = \lambda x$ 的非零解）x 称为矩阵 A 对应于特征值 λ 的特征向量。

在 MATLAB 中求矩阵特征值与特征向量的命令是 eig，该命令的具体调用格式见表 7-1。

表 7-1　eig 命令的调用格式

调用格式	说明
lambda = eig(A)	返回由矩阵 A 的所有特征值组成的列向量 lambda
[V，D] = eig(A)	求矩阵 A 的特征值与特征向量，其中 D 为对角矩阵，其对角元素为 A 的特征值，相应的特征向量为 V 的相应列向量
[V，D，W] = eig(A)	返回特征值的对角矩阵 D 和特征向量 V，以及满矩阵 W
e = eig(A，B)	返回一个包含方阵 A 和 B 的广义特征值的列向量
[…] = eig(A，balanceOption)	在求解矩阵特征值与特征向量之前，是否进行平衡处理。balanceOption 的默认值是'balance'，表示启用均衡步骤
[…] = eig(A，B，algorithm)	algorithm 的默认值取决于 A 和 B 的属性，但通常是'qz'，表示使用 QZ 算法。如果 A 为 Hermitian 并且 B 为 Hermitian 正定矩阵，则 algorithm 的默认值为'chol'，使用 B 的 Cholesky 分解计算广义特征值
[…] = eig(…，eigvalOption)	以 eigvalOption 指定的形式返回特征值。eigvalOption 指定为'vector'可返回列向量中的特征值；指定为'matrix'可返回对角矩阵中的特征值

对于表 7-1 的调用格式，需要说明的是参数 balanceOption。所谓平衡处理，是指先求矩阵 A 的一个相似矩阵 B，然后通过求 B 的特征值来得到 A 的特征值（因为相似矩阵的特征值相等）。这种处理可以提高特征值与特征向量的计算精度，但有时这种处理会破坏某些矩阵的特性，这时就可用表 7-1 的命令来取消平衡处理。如用了平衡处理，那么其中的相似矩阵以及平衡矩阵可以通过 balance 命令来得到，该命令的具体使用格式见表 7-2。

表 7-2　balance 命令的调用格式

调用格式	说明
[T，B]=balance(A)	求相似变换矩阵 T 和平衡矩阵 B，满足 $B=T^{-1}AT$
[S，P，B] = balance(A)	单独返回缩放向量 S 和置换向量 P
B = balance(A)	求平衡矩阵 B
B = balance(A，'noperm')	缩放 A，而不会置换其行和列

例 7-1： 求矩阵 $A=\begin{bmatrix}1 & -8 & 4 & 2\\ 3 & -5 & 7 & 9\\ 0 & 2 & 8 & -1\\ 3 & 0 & -4 & 8\end{bmatrix}$ 的特征值与特征向量，并求出相似矩阵 T 及平衡矩阵 B。

解：MATLAB 程序如下：

```
>> clear          %清除工作区的变量
>> A=[1 -8 4 2; 3 -5 7 9; 0 2 8 -1; 3 0 -4 8];  %输入矩阵 A
>> [V, D]=eig(A)                       %求矩阵 A 的特征值与特征向量
```

```
V =
   -0.8113   -0.8859   -0.3917   -0.2890
   -0.5361    0.1847    0.4465    0.3113
    0.0967    0.0088   -0.0940   -0.3460
    0.2123    0.4253    0.7990    0.8366
D =
   -5.2863         0         0         0
         0    1.6682         0         0
         0         0    7.0000         0
         0         0         0    8.6181
>> [T, B]=balance(A)              %求相似矩阵 T 及平衡矩阵 B
T =
     1     0     0     0
     0     1     0     0
     0     0     1     0
     0     0     0     1
B =
     1    -8     4     2
     3    -5     7     9
     0     2     8    -1
     3     0    -4     8
```

因为矩阵的特征值即为其特征多项式的根，从而我们可以用求多项式根的方法来求特征值。具体的做法是先用 poly 命令求出矩阵 A 的特征多项式，再利用多项式的求根命令 roots 求出该多项式的根。

poly 命令的调用格式见表 7-3。

表 7-3　poly 命令的调用格式

调用格式	说明
c=poly(A)	返回由 A 的特征多项式系数组成的行向量
c=poly(r)	返回由以 r 中元素为根的特征多项式系数组成的行向量

roots 命令的使用格式如下：

• roots(c)　返回由多项式 c 的根组成的列向量，若 c 有 n+1 个元素，则与 c 对应的多项为 $c_1x^n+\cdots+c_nx^n+c_{n+1}$。

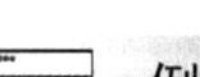

例 7-2：　用求特征多项式之根的方法来求例 7-1 中矩阵 A 的特征值。

解：MATLAB 程序如下：

```
>> clear          %清除工作区的变量
>> A=[1 -8 4 2; 3 -5 7 9; 0 2 8 -1; 3 0 -4 8];   %输入矩阵 A
```

```
>> c=poly(A)       %返回 A 的特征多项式系数组成的行向量
c =
    1.0000  -12.0000   -5.0000  356.0000  -532.0000
>> lambda=roots(c)  %求 c 对应的多项式的根，结果与例 7-1 相同
lambda =
   -5.2863
    8.6181
    7.0000
    1.6682
```

注意 ATTENTION 在实际应用中，如果要求计算精度比较高，那么最好不要用这种方法求特征值，相同情况下，eig 命令求得的特征值更准确、精度更高。

7.1.2 广义特征值与特征向量问题

前面的特征值与特征向量问题都是线性代数中所学的。在矩阵论中，还有广义特征值与特征向量的概念。求方程组

$$Ax = \lambda Bx$$

的非零解（其中 A、B 为同阶方阵），其中的 λ 值和向量 x 分别称为广义特征值和广义特征向量。在 MATLAB 中，这种特征值与特征向量同样可以利用 eig 命令求得，只是格式有所不同。

用 eig 命令求广义特征值和广义特征向量的格式见表 7-4。

表 7-4　eig 命令求广义特征值（向量）的调用格式

调用格式	说明
[V，D] = eig(A，B)	返回由广义特征值组成的对角矩阵 D 以及相应的广义特征向量矩阵 V

例 7-3： 例 7-1 中的矩阵 A 以及矩阵 $B=\begin{bmatrix}1 & 0 & 2 & 3\\ 0 & 3 & 5 & 2\\ 1 & 1 & 0 & 6\\ 5 & 7 & 8 & 2\end{bmatrix}$，求广义特征值和广义特征向量。

解：MATLAB 程序如下：

```
>> A=[1 -8 4 2; 3 -5 7 9; 0 2 8 -1; 3 0 -4 8];  %输入矩阵 A 和 B
>> B=[1 0 2 3; 0 3 5 2; 1 1 0 6; 5 7 8 2];
>> [V, D]=eig(A, B)          %求广义特征值和广义特征向量
V =
```

```
    0.5936   -1.0000   -1.0000   -0.7083
    0.0379   -0.0205   -0.0579   -0.8560
    0.7317    0.0624    0.4825    1.0000
   -1.0000    0.2940    0.5103    0.5030     %广义特征向量矩阵
D =
   -1.2907         0         0         0
         0    0.2213         0         0
         0         0    1.6137         0
         0         0         0    3.9798    %广义特征值组成的对角矩阵
```

7.1.3 部分特征值问题

在一些工程及物理问题中，通常我们只需要求出矩阵 *A* 的按模最大的特征值（称为 *A* 的主特征值）和相应的特征向量，这些求部分特征值问题可以利用 eigs 命令来实现。

eigs 命令的调用格式见表 7-5。

表 7-5 eigs 命令的调用格式

调用格式	说明
lambda=eigs(A)	求矩阵 A 的 6 个模最大的特征值，并以向量 lambda 形式存放
lambda = eigs(A，k)	返回矩阵 A 的 k 个模最大的特征值
lambda = eigs(A，k，sigma)	根据 sigma 的取值来求 A 的 k 个特征值，其中 sigma 的取值及相关说明见表 7-6
Lambda =eigs(A，k，sigma，Name，Value)	使用一个或多个名称-值对参数指定其他选项
Lambda = eigs(A，k，sigma，opts)	使用结构体指定选项
Lambda = eigs(A，B，…)	解算广义特征值问题 A*V = B*V*D
lambda = eigs(Afun，n，…)	指定函数句柄 Afun，而不是矩阵。第二个输入 n 可求出 Afun 中使用的矩阵 A 的大小
[V，D] = eigs(…)	返回包含主对角线上的特征值的对角矩阵 D 和各列中包含对应的特征向量的矩阵 V
[V，D，flag] = eigs(…)	返回对角矩阵 D 和矩阵 V，以及一个收敛标志。如果 flag 为 0，表示已收敛所有特征值

表 7-6 sigma 取值及说明

sigma 取值	说明
标量（实数或复数，包括 0）	求最接近数字 sigma 的特征值
'largestabs'	默认值，求按模最大的特征值
'smallestabs'	与 sigma = 0 相同，求按模最小的特征值
'largestreal'	求最大实部特征值
'smallestreal'	求最小实部特征值
'bothendsreal'	求具有最大实部和最小实部特征值
'largestimag'	对非对称问题求最大虚部特征值
'smallestimag'	对非对称问题求最小虚部特征值
'bothendsimag'	对非对称问题求具有最大虚部和最小虚部特征值

例 7-4： 求矩阵 $A=\begin{bmatrix}1 & 2 & -3 & 4\\0 & -1 & 2 & 1\\-2 & 0 & 3 & 5\\1 & 1 & 0 & 1\end{bmatrix}$ 的按模最大与最小特征值。

解：MATLAB 程序如下：

```
>> A=[1 2 -3 4; 0 -1 2 1; -2 0 3 5; 1 1 0 1];          %输入矩阵 A
>> d_max=eigs(A, 1)        %求按模最大特征值
d_max =
   3.9402
>> d_min=eigs(A, 1, 'smallestabs')         %求按模最小特征值
d_min =
  -1.2260
```

同 eig 命令一样，eigs 命令也可用于求部分广义特征值，相应的调用格式见表 7-7。

表 7-7　eigs 命令求部分广义特征值的调用格式

调用格式	说明
lambda = eigs(A，B)	求矩阵的广义特征值问题，满足 AV=BVD，其中 D 为特征值对角阵，V 为特征向量矩阵，B 必须是对称正定或埃尔米特矩阵
lambda = eigs(A，B，k)	求 A、B 对应的 k 个最大广义特征值
lambda = eigs(A，B，k，sigma)	根据 sigma 的取值来求 k 个相应广义特征值，其中 sigma 的取值见表 7-6
lambda = eigs(Afun，k，B)	求 k 个最大广义特征值，其中矩阵 A 由 Afun.m 生成

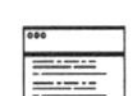

例 7-5： 对于例 7-4 中的矩阵 A 以及 $B=\begin{bmatrix}3 & 1 & 4 & 2\\1 & 14 & -3 & 3\\4 & -3 & 19 & 1\\2 & 3 & 1 & 2\end{bmatrix}$，求最大与最小的两个广义特征值。

解：MATLAB 程序如下：

```
>> A=[1 2 -3 4; 0 -1 2 1; -2 0 3 5; 1 1 0 1];          %输入矩阵 A 和 B
>> B=[3 1 4 2; 1 14 -3 3; 4 -3 19 1; 2 3 1 2];
>> d1=eigs(A, B, 2)        %求 A、B 对应的 2 个最大广义特征值
d =
 -8.1022
  1.2643
>> d2=eigs(A, B, 2, 'smallestabs')      %求 A、B 对应的 2 个最小广义特征值
d =
  -0.0965
   0.3744
```

7.2 矩阵对角化

矩阵对角化是线性代数中较为重要的内容，因为它在实际中可以大大简化矩阵的各种运算。在解线性常微分方程组时，一个重要的方法就是矩阵对角化。为了表述更加清晰，我们将本节分为两部分：第一部分简单介绍矩阵对角化方面的理论知识；第二部分主要讲如何利用 MATLAB 将一个矩阵对角化。

7.2.1 预备知识

对于矩阵 $A \in C^{n\times n}$，所谓的矩阵对角化就是找一个非奇异矩阵 P，使得

$$P^{-1}AP = \begin{bmatrix} \lambda_1 & & \\ & \ddots & \\ & & \lambda_n \end{bmatrix}$$

其中，λ_1，…，λ_n 为 A 的 n 个特征值。并非每个矩阵都是可以对角化的，下面的三个定理给出了矩阵对角化的条件：

定理 1：n 阶矩阵 A 可对角化的充要条件是 A 有 n 个线性无关的特征向量。

定理 2：矩阵 A 可对角化的充要条件是 A 的每一个特征值的几何重复度等于代数重复度。

定理 3：实对称矩阵 A 总可以对角化，且存在正交矩阵 P 使得

$$P^{\mathrm{T}}AP = \begin{bmatrix} \lambda_1 & & \\ & \ddots & \\ & & \lambda_n \end{bmatrix}$$

其中，λ_1，…，λ_n 为 A 的 n 个特征值。

在矩阵对角化之前，必须要判断这个矩阵是否可以对角化。MATLAB 中没有判断一个矩阵是否可以对角化的程序，我们可以根据上面的定理 1 来编写一个判断矩阵对角化的函数。

代码如下：

```
function y=misdiag(A)
% 该函数用来判断矩阵 A 是否可以对角化
% 若返回值为 1 则说明 A 可以对角化，若返回值为 0 则说明 A 不可以对角化

[m, n]=size(A);                    % 求矩阵 A 的阶数
if m~=n                          % 若 A 不是方阵则肯定不能对角化
```

```
    y=0;
    return;
else
    [V, D]=eig(A);
    if rank(V)==n              % 判断 A 的特征向量是否线性无关
        y=1;
        return;
    else
        y=0;
    end
end
```

提示：函数 isdiag 与某个 MATLAB 内置函数同名，重命名该函数以避免潜在的名称冲突。这里改名为 misdiag。

例 7-6：利用自编的函数判断矩阵 $A=\begin{bmatrix}1 & 2 & 0 & -4\\ 5 & 0 & 7 & 0\\ 2 & 3 & 1 & 0\\ 0 & 1 & 1 & -1\end{bmatrix}$ 是否可以对角化。

解：MATLAB 程序如下：

```
>> A=[1 2 0 -4; 5 0 7 0; 2 3 1 0; 0 1 1 -1];             %输入矩阵 A
>> y=misdiag(A)          %使用自定义函数判断矩阵 A 是否可以对角化
   1
```

由此可知此例中的矩阵可以对角化。

7.2.2 具体操作

上一小节主要讲了对角化理论中的一些基本知识，并给出了判断一个矩阵是否可对角化的函数源程序，本小节主要讲对角化的具体操作。

事实上，这种对角化可以通过 eig 命令来实现。对于一个方阵 A，注意到用[V, D]=eig(A)求出的特征值矩阵 D 以及特征向量矩阵 V 满足下面的关系：

$$AV=DV=VD$$

若 A 可对角化，那么矩阵 V 一定是可逆的，因此可以在上式的两边分别左乘 V^{-1}，即有

$$V^{-1}AV=D$$

也就是说若 A 可对角化，那么利用 eig 求出的 V 即为上一小节中的 P。这种方法需要注意的是求出的 P 的列向量长度均为 1，读者可以根据实际情况来相应给这些列乘以一个非零数。下面给出将一个矩阵对角化的函数源代码。

```
function [P, D]=reduce_diag(A)
```

```
% 该函数用来将一个矩阵 A 对角化
% 输出变量为矩阵 P, 满足 inv(P)*A*P=diag(lambda_1, ..., l.lambda_n)

if ~misdiag(A)          % 判断矩阵 A 是否可化为对角矩阵
   error('该矩阵不能对角化!');
else
    disp('注意: 将下面的矩阵 P 的任意列乘以任意非零数所得矩阵仍满足
inv(P)*P*A=D');
    [P, D]=eig(A);
end
```

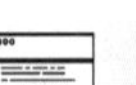

例 7-7: 将例 7-6 中的矩阵 A 化为对角矩阵，并求出变换矩阵。

解：MATLAB 程序如下：

```
>> A=[1 2 0 -4; 5 0 7 0; 2 3 1 0; 0 1 1 -1];          %输入矩阵 A
>> [P, D]=reduce_diag(A)           %使用自定义函数将矩阵 A 对角化
```

注意 将下面的矩阵 P 的任意列乘以任意非零数所得矩阵仍满足 inv(P)*P*A=D。

```
P =
    0.1646    0.5575   -0.3936    0.6922
    0.7937   -0.5168    0.8548    0.0264
    0.5523   -0.5324   -0.3060   -0.5017
    0.1948   -0.3724   -0.1441    0.5181           %输出变量
D =
    5.9078         0         0         0
         0    1.8177         0         0
         0         0   -4.8081         0
         0         0         0   -1.9174       %特征值组成的对角矩阵
>> P(:, 1)=10*P(:, 1);           %分别为矩阵 P 的各列赋值
>> P(:, 2)=20*P(:, 2);
>> P(:, 3)=30*P(:, 3);
>> P(:, 4)=40*P(:, 4);
>> P            %输出矩阵 P
P =
   16.4637  111.5012  -11.8081   27.6898
   79.3691 -103.3576   25.6439    1.0553
   55.2254 -106.4827   -9.1796  -20.0675
   19.4844  -74.4723   -4.3235   20.7234
```

```
>> inv(P)*A*P      %验证 inv(P)*P*A=D
ans =
    5.9078    0.0000   -0.0000    0.0000
   -0.0000    1.8177   -0.0000    0.0000
   -0.0000    0.0000   -4.8081    0.0000
   -0.0000    0.0000    0.0000   -1.9174
```

对于复矩阵，将其化为对角矩阵的操作步骤与前面的操作是一样的。若矩阵 A 为实对称矩阵，那么所求出的 P 一定为正交矩阵，从而满足定理 3，见下例。

例 7-8：找一个正交矩阵 P，将实对称矩阵 $A=\begin{bmatrix}1 & 2 & 3\\ 2 & 4 & 5\\ 3 & 5 & 1\end{bmatrix}$ 化为对角矩阵。

解：MATLAB 程序如下：

```
>> clear          %清除工作区的变量
>> A=[1 2 3; 2 4 5; 3 5 1];                %输入实对称矩阵 A
>> [P, D]=reduce_diag(A)            %使用自定义函数将矩阵 A 对角化
```

注意：将下面的矩阵 P 的任意列乘以任意非零数所得矩阵仍满足 inv(P)*P*A=D。

```
P =
    0.3588    0.8485    0.3891
    0.4636   -0.5238    0.7147
   -0.8102    0.0760    0.5813                        %输出变量
D =
   -3.1898         0         0
         0    0.0342         0
         0         0    9.1555                   %特征值组成的对角矩阵
>> inv(P)*A*P          %验证 inv(P)*P*A=D
ans =
   -3.1898    0.0000   -0.0000
    0.0000    0.0342   -0.0000
   -0.0000   -0.0000    9.1555
```

7.3 若尔当（Jordan）标准形

若尔当标准形在工程计算，尤其是在控制理论中有着重要的作用，因此求一个矩阵的若

尔当标准形就显得尤为重要了。强大的 MATLAB 提供了求若尔当标准形的命令。

7.3.1 若尔当（Jordan）标准形介绍

称 n_i 阶矩阵

$$J_i = \begin{bmatrix} \lambda_i & 1 & & \\ & \lambda_i & \ddots & \\ & & \ddots & 1 \\ & & & \lambda_i \end{bmatrix}$$

为若尔当块。设 $J_1, J_2, \cdots, J_s$ 为若尔当块，称准对角矩阵

$$J = \begin{bmatrix} J_1 & & & \\ & J_2 & & \\ & & \ddots & \\ & & & J_s \end{bmatrix}$$

为若尔当标准形。所谓求矩阵 A 的若尔当标准形，即找非奇异矩阵 P（不唯一），使得 $P^{-1}AP = J$ 。

例如对于矩阵 $A = \begin{bmatrix} 17 & 0 & -25 \\ 0 & 1 & 0 \\ 9 & 0 & -13 \end{bmatrix}$，可以找到矩阵 $P = \begin{bmatrix} 0 & 5 & 2 \\ 1 & 0 & 0 \\ 0 & 3 & 1 \end{bmatrix}$，使得 3 $P^{-1}AP = \begin{bmatrix} 1 & 0 & 0 \\ 0 & 2 & 1 \\ 0 & 0 & 2 \end{bmatrix}$

若尔当标准形之所以在实际中有着重要的应用，是因为它具有下面几个特点：

- 其对角元即为矩阵 A 的特征值；
- 对于给定特征值 λ_i，其对应若尔当块的个数等于 λ_i 的几何重复度；
- 对于给定特征值 λ_i，其所对应全体若尔当块的阶数之和等于 λ_i 的代数重复度。

7.3.2 jordan 命令

在 MATLAB 中可利用 jordan 命令将一个矩阵化为若尔当标准形，它的调用格式见表 7-8。

表 7-8 jordan 命令的调用格式

调用格式	说明
J = jordan(A)	求矩阵 A 的若尔当标准形，其中 A 为一已知的符号或数值矩阵
[P，J] = jordan(A)	返回若尔当标准形矩阵 J 与相似变换矩阵 P，其中 P 的列向量为矩阵 A 的广义特征向量。它们满足：P'*A*P=J

例 7-9： 求矩阵 $A = \begin{bmatrix} 17 & 0 & -25 \\ 0 & 1 & 0 \\ 9 & 0 & -13 \end{bmatrix}$ 的若尔当标准形及变换矩阵 P。

解：MATLAB 程序如下：

```
>> A=[17 0 -25; 0 1 0; 9 0 -13];          %输入矩阵 A
>> [P, J]=jordan(A)        %求矩阵 A 的若尔当标准形
P =      %变换矩阵
     0    15     1
     1     0     0
     0     9     0
J =      %若尔当标准形矩阵
     1     0     0
     0     2     1
     0     0     2
>> inv(P)*A*P          %验证变换矩阵 P 满足 inv(P)*A*P=J
ans =
    1.0000         0         0
         0    2.0000    1.0000
         0    0.0000    2.0000
```

例 7-10：将 λ -矩阵 $A(\lambda)=\begin{bmatrix}1-\lambda & \lambda^2 & \lambda \\ \lambda & \lambda & -\lambda \\ 1+\lambda^2 & \lambda^2 & -\lambda^2\end{bmatrix}$ 化为若尔当标准形。

解：MATLAB 程序如下：

```
>> syms lambda          %定义符号变量
>>  A=[1-lambda  lambda^2lambda; lambda  lambda-lambda; 1+lambda^
2lambda^2-lambda^2];        %定义符号矩阵
>> [P, J]=jordan(A);          %求矩阵 A 的若尔当标准形
>> J       %输出若尔当标准形矩阵
J =
[ 1,      0,                    0]
[ 0,  lambda,                   0]
[ 0,      0,  - lambda^2 - lambda]
```

7.4 矩阵的反射与旋转变换

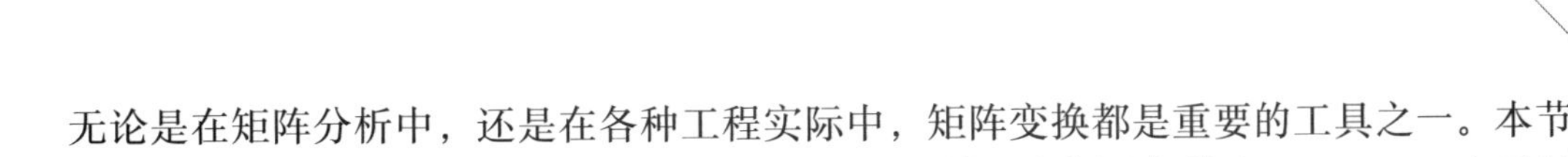

无论是在矩阵分析中，还是在各种工程实际中，矩阵变换都是重要的工具之一。本节将讲述如何利用 MATLAB 来实现最常用的两种矩阵变换：豪斯霍尔德（Householder）反射变换与吉文斯（Givens）旋转变换。

7.4.1 两种变换介绍

为了使读者学习后面内容更轻松，我们先以二维情况介绍一下两种变换。一个二维正交矩阵 Q 如果有形式

$$Q=\begin{bmatrix}\cos\theta & \sin\theta\\ -\sin\theta & \cos\theta\end{bmatrix}$$

则称之为旋转变换。如果 $y=Q^{\mathrm{T}}x$ ，则 y 是通过将向量 x 顺时针旋转 θ 度得到的。

一个二维矩阵 Q 如果有形式

$$Q=\begin{bmatrix}\cos\theta & \sin\theta\\ \sin\theta & -\cos\theta\end{bmatrix}$$

则称之为反射变换。如果 $y=Q^{\mathrm{T}}x$ ，则 y 是将向量 x 关于由

$$S=\operatorname{span}\left\{\begin{bmatrix}\cos(\theta/2)\\ \sin(\theta/2)\end{bmatrix}\right\}$$

所定义的直线作反射得到的。

例如：若 $x=\begin{bmatrix}1 & \sqrt{3}\end{bmatrix}^{\mathrm{T}}$ ，令

$$Q=\begin{bmatrix}\cos 60^\circ & \sin 60^\circ\\ -\sin 60^\circ & \cos 60^\circ\end{bmatrix}=\begin{bmatrix}1/2 & \sqrt{3}/2\\ -\sqrt{3}/2 & 1/2\end{bmatrix}$$

则 $Qx=\begin{bmatrix}2 & 0\end{bmatrix}^{\mathrm{T}}$ ，因此顺时针 60° 的旋转使 x 的第二个分量化为 0；如果

$$Q=\begin{bmatrix}\cos 60^\circ & \sin 60^\circ\\ \sin 60^\circ & -\cos 60^\circ\end{bmatrix}=\begin{bmatrix}1/2 & \sqrt{3}/2\\ \sqrt{3}/2 & -1/2\end{bmatrix}$$

则 $Qx=\begin{bmatrix}2 & 0\end{bmatrix}^{\mathrm{T}}$ ，于是将向量 x 对 30° 的直线作反射也使得其第二个分量化为 0。

7.4.2 豪斯霍尔德（Householder）反射变换

豪斯霍尔德变换也称初等反射（elementary reflection），是 Turnbull 与 Aitken 于 1932 年作为一种规范矩阵提出来的。但这种变换成为数值代数的一种标准工具，还要归功于豪斯霍尔德于 1958 年发表的一篇关于非对称矩阵的对角化论文。

设 $v\in R^n$ 是非零向量，形如

$$P=I-\frac{2}{v^{\mathrm{T}}v}vv^{\mathrm{T}}$$

的 n 维方阵 P 称为豪斯霍尔德矩阵，向量 v 称为豪斯霍尔德向量。如果用 P 去乘向量 x 就得到向量 x 关于超平面 $\operatorname{span}\{v\}^{\perp}$ 的反射。易见豪斯霍尔德矩阵是对称正交的。

不难验证，要使 $Px=\pm\|x\|_2 e_1$ ，应当选取 $v=x\mp\|x\|_2 e_1$ ，下面我们给出一个可以避免上溢的求豪斯霍尔德向量的函数源程序：

```
function [v, beta]=house(x)
```

```
% 此函数用来计算满足 v(1)=1 的 v 和 beta，使得 P=I-beta*v*v'
% 是正交矩阵且 P*x=norm(x)*e1

n=length(x);
if n==1
   error('请正确输入向量！');
else
   sigma=x(2: n)'*x(2: n);
   v=[1; x(2: n)];
   if sigma==0
      beta=0;
   else
      mu=sqrt(x(1)^2+sigma);
      if x(1)<=0
         v(1)=x(1)-mu;
      else
         v(1)= -sigma/(x(1)+mu);
      end
      beta=2*v(1)^2/(sigma+v(1)^2);
      v=v/v(1);
   end
end
```

例 7-11：求一个可以将向量 $x=[2\quad 3\quad 4]^{\mathrm{T}}$ 化为 $\|x\|_2\, e_1$ 的豪斯霍尔德向量，要求该向量第一个元素为 1，并求出相应的豪斯霍尔德矩阵进行验证。

解：MATLAB 程序如下：

```
>> x=[2 3 4]';  %将向量转置
>> [v, beta]=house(x)       %求豪斯霍尔德向量
v =
    1.0000
   -0.8862
   -1.1816          %豪斯霍尔德向量
beta =
    0.6286
>> P=eye(3)-beta*v*v'              %求豪斯霍尔德矩阵
P =
    0.3714    0.5571    0.7428
    0.5571    0.5063   -0.6583
    0.7428   -0.6583    0.1223
>> a=norm(x)                      %求出 x 的 2-范数以便下面验证
a =
```

```
    5.3852
>> P*x                    %验证 P*x=norm(x)*e1
ans =
    5.3852
    0.0000
         0
```

7.4.3 吉文斯(Givens)旋转变换

豪斯霍尔德反射对于大量引进零元是非常有用的，然而在许多工程计算中，我们要有选择地消去矩阵或向量的一些元素，而吉文斯旋转变换就是解决这种问题的工具。利用这种变换可以很容易地将一个向量某个指定分量化为 0，因为在 MATLAB 中有相应的命令来实现这种操作，因此我们不再详述其具体变换过程。

MATLAB 中实现吉文斯变换的命令是 planerot，它的调用格式为：

- [G，y]=planerot(x)　返回吉文斯变换矩阵 G，以及列向量 y=Gx 且 y(2)=0，其中 x 为二维列向量。

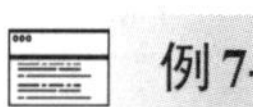

例 7-12： 利用吉文斯变换编写一个将任意列向量 x 化为 $\|x\|_2\, e_1$ 形式的函数，并利用这个函数将向量 $x=[1\quad 2\quad 3\quad 4\quad 5\quad 6]^T$ 化为 $\|x\|_2\, e_1$ 的形式，以此验证所编函数正确与否。

解：函数源程序如下：

```
function [P, y]=Givens(x)
% 此函数用来将一个 n 维列向量化为: y=[norm(x) 0 ... 0]'
% 输出参数 P 为变换矩阵，即 y=P*x

n=length(x);
P=eye(n);
for i=n: -1: 2
    [G, x(i-1: i)]=planerot(x(i-1: i));
    P(i-1: i,: )=G*P(i-1: i,: );
end
y=x;
```

下面利用这个函数将题中的 x 化为 $\|x\|_2\, e_1$ 的形式：

```
>> x=[1 2 3 4 5 6]';              %将向量 x 转置
>> a=norm(x)                      %求出 x 的 2-范数
a =
    9.5394
>> [P, y]=Givens(x)           %使用自定义函数将列向量x化为||x||2 e1形式的函数
P =          %变换矩阵
    0.1048    0.2097    0.3145    0.4193    0.5241    0.6290
```

```
  -0.9945    0.0221    0.0331    0.0442    0.0552    0.0663
        0   -0.9775    0.0682    0.0909    0.1137    0.1364
        0         0   -0.9462    0.1475    0.1843    0.2212
        0         0         0   -0.8901    0.2918    0.3502
        0         0         0         0   -0.7682    0.6402
y =     %列向量
   9.5394
        0
        0
        0
        0
        0
>> P*x                          %验证所编函数是否正确 P*x=y
ans =
   9.5394
  -0.0000
  -0.0000
  -0.0000
  -0.0000
  -0.0000
```

因为吉文斯变换可以将指定的向量元素化为零，因此它在实际应用中非常有用。下面我们举一个吉文斯变换应用的例子。

例 7-13： 利用吉文斯变换编写一个将下海森伯格(Hessenberg)矩阵化为下三角矩阵的函数，并利用该函数将 $H=\begin{bmatrix}1&2&0&0\\3&4&5&0\\2&5&8&7\\1&2&8&4\end{bmatrix}$ 化为下三角矩阵。

解：对于一个下海森伯格矩阵，我们可以按下面的步骤将其化为下三角矩阵：

$$\begin{bmatrix}\times&\times&&\\\times&\times&\times&\\\times&\times&\times&\times\\\times&\times&\times&\times\end{bmatrix}\xrightarrow[\text{素利用Givens变换}]{\text{对第一行前两个元}}\begin{bmatrix}\times&0&&\\\times&\times&\times&\\\times&\times&\times&\times\\\times&\times&\times&\times\end{bmatrix}\xrightarrow[\text{素利用Givens变换}]{\text{对第二行后两个元}}\begin{bmatrix}\times&&&\\\times&\times&0&\\\times&\times&\times&\times\\\times&\times&\times&\times\end{bmatrix}$$

$$\xrightarrow[\text{素利用Givens变换}]{\text{对第三行后两个元}}\begin{bmatrix}\times&&&\\\times&\times&0&\\\times&\times&\times&0\\\times&\times&\times&\times\end{bmatrix}$$

具体的函数源程序 reduce_hess_tril.m 如下：

```
function [L, P]=reduce_hess_tril(H)
```

```
% 此函数用来将下海森伯格矩阵化为下三角矩阵 L
% 输出参数 P 为变换矩阵，即：L = H * P
[m, n]=size(H);
if m~=n
    error('输入的矩阵不是方阵！');
else
    P=eye(n);
    for i=1: n-1
        x=H(i, i: i+1);
        [G, y]=planerot(x');
        H(i, i: i+1)=y';
        H(i+1: n, i: i+1)=H(i+1: n, i: i+1)*G';
        P(:, i: i+1)=P(:, i: i+1)*G';
    end
    L=H;
end
```

下面利用上面的函数将题中的下海森伯格矩阵化为下三角矩阵：

```
>> H=[1 2 0 0; 3 4 5 0; 2 5 8 7; 1 2 8 4];          %输入矩阵 H
>> [L, P]=reduce_hess_tril(H)  %使用自定义函数将下海森伯格矩阵化为下三角矩阵
L =          %下三角矩阵
    2.2361         0         0         0
    4.9193    5.0794         0         0
    5.3666    7.7962    7.2401         0
    2.2361    7.8750    4.2271    0.3405
P =          %变换矩阵
    0.4472    0.1575   -0.2248   -0.8513
    0.8944   -0.0787    0.1124    0.4256
         0    0.9844    0.0450    0.1703
         0         0    0.9668   -0.2554
>> H*P       %验证所编函数的正确性
ans =
    2.2361         0         0         0
    4.9193    5.0794         0         0
    5.3666    7.7962    7.2401   -0.0000
    2.2361    7.8750    4.2271    0.3405
```

第8章

矩阵的应用

在工程实际中，尤其是在电子信息理论和控制理论中，矩阵分解是矩阵分析的一个重要工具。本节主要讲述 MATLAB 常用的一些矩阵分解，以及利用矩阵求解线性方程组的操作方法。

8.1 矩阵分解

矩阵分解是矩阵分析的一个重要工具，例如求矩阵的特征值和特征向量、求矩阵的逆以及矩阵的秩等都要用到矩阵分解。在工程实际中，尤其是在电子信息理论和控制理论中，矩阵分析尤为重要。本节主要讲述如何利用 MATLAB 来实现矩阵分析中常用的一些矩阵分解。

8.1.1 楚列斯基（Cholesky）分解

楚列斯基分解是专门针对对称正定矩阵的分解。设 $A=(a_{ij})\in R^{n\times n}$ 是对称正定矩阵，$A=R^{\mathrm{T}}R$ 称为矩阵 A 的楚列斯基分解，其中 $R\in R^{n\times n}$ 是一个具有正的对角元上三角矩阵，即

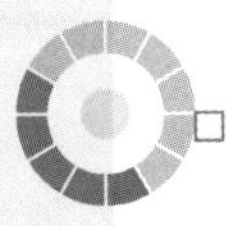

$$R=\begin{bmatrix} r_{11} & r_{12} & r_{13} & r_{14} \\ & r_{22} & r_{23} & r_{24} \\ & & r_{33} & r_{34} \\ & & & r_{44} \end{bmatrix}$$

这种分解是唯一存在的。

在 MATLAB 中，实现这种分解的命令是 chol，它的调用格式见表 8-1。

表 8-1　chol 命令的调用格式

调用格式	说明
R= chol(A)	返回楚列斯基分解因子 R
R= chol(A，triangle)	使用 triangle 指定的三角因子计算分解
[R，flag] = chol(…)	输出指示 A 是否为对称正定矩阵的 flag，若 A 为对称正定矩阵，则 flag=0，分解成功；若 A 为非对称正定矩阵，则 flag 是不为零的整数，表示分解失败的主元位置的索引
[R，flag，P] = chol(S)	另外返回一个置换矩阵 P
[R，flag，P] = chol(…，outputForm)	指定是以矩阵还是向量形式返回置换信息 P。仅可用于稀疏矩阵输入

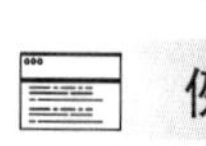

例 8-1：将正定矩阵 $A=\begin{bmatrix} 1 & 1 & 1 & 1 \\ 1 & 2 & 3 & 4 \\ 1 & 3 & 6 & 10 \\ 1 & 4 & 10 & 20 \end{bmatrix}$进行楚列斯基分解。

解：MATLAB 程序如下：

```
>> A=[1 1 1 1; 1 2 3 4; 1 3 6 10; 1 4 10 20];     %输入对称正定矩阵 A
>> R=chol(A)          %对 A 进行楚列斯基分解，返回分解因子
R =
     1     1     1     1
     0     1     2     3
     0     0     1     3
     0     0     0     1
>> R'*R               %验证 A = R'*R
ans =
     1     1     1     1
     1     2     3     4
     1     3     6    10
     1     4    10    20
```

8.1.2　LU 分解

矩阵的 LU 分解又称矩阵的三角分解，它的目的是将一个矩阵分解成一个下三角矩阵 L 和一个上三角矩阵 U 的乘积，即 $A=LU$。这种分解在解线性方程组、求矩阵的逆等计算中有

着重要的作用。

在 MATLAB 中，实现 LU 分解的命令是 lu，它的调用格式见表 8-2。

表 8-2　lu 命令的调用格式

调用格式	说明
[L，U] = lu(A)	对矩阵 A 进行 LU 分解，其中 L 为单位下三角矩阵或其变换形式，U 为上三角矩阵
[L，U，P] = lu(A)	对矩阵 A 进行 LU 分解，其中 L 为单位下三角矩阵，U 为上三角矩阵，P 为置换矩阵，满足 *LU=PA*
[L，U，P] = lu(A，outputForm)	以 outputForm 指定的格式返回 P
[L，U，P，Q] = lu(S)	将稀疏矩阵 S 分解为一个单位下三角矩阵 L、一个上三角矩阵 U、一个行置换矩阵 P 以及一个列置换矩阵 Q，并满足 P*S*Q = L*U
[L，U，P，Q，D] = lu(S)	比上面命令多返回一个对角缩放矩阵 D，并满足 P*(D\S)*Q = L*U。行缩放通常会使分解更为稀疏和稳定
[…] = lu(S，thresh)	指定 lu 使用的主元消去策略的阈值
[…] = lu(…，outputForm)	以 outputForm 指定的格式返回 P 和 Q

例 8-2： 用表 8-2 中前两条命令对矩阵 $A=\begin{bmatrix}1&2&3&4\\5&6&7&8\\2&3&4&1\\7&8&5&6\end{bmatrix}$ 进行 LU 分解，比较二者的不同。

解：MATLAB 程序如下：

```
>> A=[1 2 3 4; 5 6 7 8; 2 3 4 1; 7 8 5 6];           %输入矩阵 A
>> [L, U]=lu(A)    %将矩阵 A 分解为一个上三角矩阵 U 和一个经过置换的下三角矩阵 L, A = L*U
L =
    0.1429    1.0000         0         0
    0.7143    0.3333    1.0000         0
    0.2857    0.8333    0.2500    1.0000
    1.0000         0         0         0
U =
    7.0000    8.0000    5.0000    6.0000
         0    0.8571    2.2857    3.1429
         0         0    2.6667    2.6667
         0         0         0   -4.0000
>> [L, U, P]=lu(A)          %将矩阵 A 分解为单位下三角阵 L, 上三角阵 U, 以及置换矩阵 P, A = P'*L*U
L =
    1.0000         0         0         0
    0.1429    1.0000         0         0
    0.7143    0.3333    1.0000         0
```

```
   0.2857    0.8333    0.2500    1.0000
U =
  7.0000   8.0000   5.0000   6.0000
       0   0.8571  2.2857   3.1429
       0        0   2.6667   2.6667
       0        0        0  -4.0000
P =
     0     0     0     1
     1     0     0     0
     0     1     0     0
     0     0     1     0
```

注意 ATTENTION **在实际应用中，我们一般都使用第二种格式的 lu 命令，因为第一种调用格式输出的矩阵 *L* 并不一定是下三角矩阵（见例 8-2），这对于分析和计算都是不利的。**

8.1.3 LDM^{T}与 LDL^{T}分解

对于 n 阶方阵 A，所谓的 LDM^T 分解就是将 A 分解为三个矩阵的乘积：LDM^T 。其中，L、M 是单位下三角矩阵，D 为对角矩阵。事实上，这种分解是 LU 分解的一种变形，因此这种分解可以将 LU 分解稍作修改得到，也可以根据三个矩阵的特殊结构直接计算出来。（见 G H 戈卢布，C F 范洛恩著，袁亚湘等译. 矩阵计算. 北京：科学出版社，2001 年.）

下面给出通过直接计算得到 L、D、M 的算法源程序。

```
function [L, D, M]=ldm(A)
% 此函数用来求解矩阵 A 的 LDM'分解
% 其中 L，M 均为单位下三角矩阵，D 为对角矩阵
[m, n]=size(A);
if m~=n
    error('输入矩阵不是方阵，请正确输入矩阵！');
    return;
end
D(1, 1)=A(1, 1);
for i=1: n
    L(i, i)=1;
    M(i, i)=1;
end
L(2: n, 1)=A(2: n, 1)/D(1, 1);
M(2: n, 1)=A(1, 2: n) '/D(1, 1);
```

```
for j=2: n
   v(1)=A(1, j);
   for i=2: j
      v(i)=A(i, j)-L(i, 1: i-1)*v(1: i-1)';
   end
   for i=1: j-1
      M(j, i)=v(i)/D(i, i);
   end
   D(j, j)=v(j);
   L(j+1: n, j)=(A(j+1: n, j) -L(j+1: n, 1: j-1)*v(1: j-1)')/v(j);
end
```

例 8-3： 利用自定义的函数 ldm(A)对矩阵 $A=\begin{bmatrix}1&2&3&4\\4&6&10&2\\1&1&0&1\\0&0&2&3\end{bmatrix}$ 进行 LDM^T 分解。

解：MATLAB 程序如下：

```
>> A=[1 2 3 4; 4 6 10 2; 1 1 0 1; 0 0 2 3];  %输入矩阵 A
>> [L, D, M]=ldm(A)          %求解矩阵 A 的 LDMᵀ分解
L =            %单位下三角矩阵
    1.0000         0         0         0
    4.0000    1.0000         0         0
    1.0000    0.5000    1.0000         0
         0         0   -1.0000    1.0000
D =         %对角矩阵
     1     0     0     0
     0    -2     0     0
     0     0    -2     0
     0     0     0     7
M =      %单位下三角矩阵
     1     0     0     0
     2     1     0     0
     3     1     1     0
     4     7    -2     1
>> L*D*M'                    %验证分解是否正确
ans =
     1     2     3     4
     4     6    10     2
     1     1     0     1
     0     0     2     3
```

如果 A 是非奇异对称矩阵，那么在 LDM^T 分解中有 $L=M$，此时 LDM^T 分解中的有些步骤是多余的。下面给出实对称矩阵 A 的 LDL^T 分解的算法源程序。

```
function [L, D]=ldlt(A)
% 此函数用来求解实对称矩阵 A 的 LDL'分解
% 其中 L 为单位下三角矩阵，D 为对角矩阵

[m, n]=size(A);
if m~=n | ~isequal(A, A')
    error('请正确输入矩阵! ');
    return;
end
D(1, 1)=A(1, 1);
for i=1: n
    L(i, i)=1;
end
L(2: n, 1)=A(2: n, 1)/D(1, 1);
for j=2: n
    v(1)=A(1, j);
    for i=1: j-1
        v(i)=L(j, i)*D(i, i);
    end
    v(j)=A(j, j) -L(j, 1: j-1)*v(1: j-1) ';
    D(j, j)=v(j);
    L(j+1: n, j)=(A(j+1: n, j) -L(j+1: n, 1: j-1)*v(1: j-1) ')/v(j);
end
```

例 8-4： 利用自定义的函数 ldl（A）将实对称矩阵 $A=\begin{bmatrix}1&2&3&4\\2&5&7&8\\3&7&6&9\\4&8&9&1\end{bmatrix}$ 进行 LDL^T 分解。

解：MATLAB 程序如下：

```
>> clear        %清除工作区的变量
>> A=[1 2 3 4; 2 5 7 8; 3 7 6 9; 4 8 9 1];         %输入对称矩阵 A
>> [L, D]=ldlt(A)       %使用自定义函数求解实对称矩阵 A 的 LDLT分解
L =        %单位下三角矩阵
    1.0000         0         0         0
    2.0000    1.0000         0         0
    3.0000    1.0000    1.0000         0
```

```
    4.0000         0    0.7500    1.0000
D =          %对角矩阵
    1.0000         0         0         0
         0    1.0000         0         0
         0         0   -4.0000         0
         0         0         0  -12.7500
>> L*D*L'                %验证分解是否正确
ans =
     1     2     3     4
     2     5     7     8
     3     7     6     9
     4     8     9     1
```

8.1.4 QR 分解

矩阵 A 的 QR 分解也叫正交三角分解，即将矩阵 A 表示成一个正交矩阵 Q 与一个上三角矩阵 R 的乘积形式。这种分解在工程中是应用最广泛的一种矩阵分解。

在 MATLAB 中，矩阵 A 的 QR 分解命令是 qr，它的调用格式见表 8-3。

表 8-3　qr 命令的调用格式

调用格式	说明
[Q，R] = qr(A)	返回正交矩阵 Q 和上三角矩阵 R，Q 和 R 满足 A=QR；若 A 为 $m\times n$ 矩阵，则 Q 为 $m\times m$ 矩阵，R 为 $m\times n$ 矩阵
[Q，R，E] = qr(A)	求得正交矩阵 Q 和上三角矩阵 R，E 为置换矩阵使得 R 的对角线元素按绝对值大小降序排列，满足 AE=QR
[Q，R] = qr(A，0)	产生矩阵 A 的“经济型”分解，即若 A 为 $m\times n$ 矩阵，且 $m > n$，则返回 Q 的前 n 列，R 为 $n\times n$ 矩阵；否则该命令等价于[Q，R] = qr(A)
[Q，R，E] = qr(A，0)	产生矩阵 A 的“经济型”分解，E 为置换矩阵使得 R 的对角线元素按绝对值大小降序排列，且 A(:，E) =Q*R
R = qr(A)	对稀疏矩阵 A 进行分解，只产生一个上三角阵 R，R 为 A^TA 的 Cholesky 分解因子，即满足 $R^TR=A^TA$
R = qr(A，0)	对稀疏矩阵 A 的“经济型”分解
[C，R]=qr(A，b)	此命令用来计算方程组 Ax=b 的最小二乘解

例 8-5： 对矩阵 $A=\begin{bmatrix}1 & 2 & 3\\ 4 & 5 & 6\\ 1 & 0 & 1\\ 0 & 1 & 1\end{bmatrix}$ 进行 QR 分解。

解：MATLAB 程序如下：

```
>> clear        % 清除工作区的变量
>> A=[1 2 3; 4 5 6; 1 0 1; 0 1 1];          %输入矩阵 A
```

```
>> [Q, R]=qr(A)          %对矩阵 A 进行 QR 分解，并返回正交矩阵 Q 和上三角矩阵 R
  Q =
    -0.2357    0.4410   -0.7638   -0.4082
    -0.9428    0.0630    0.3273    0.0000
    -0.2357   -0.6929   -0.5455    0.4082
          0    0.5669   -0.1091    0.8165
  R =
    -4.2426   -5.1854   -6.5997
          0    1.7638    1.5749
          0         0   -0.9820
          0         0         0
```

下面介绍在实际的数值计算中经常要用到的两条命令：qrdelete 命令与 qrinsert 命令。前者用来求当矩阵 *A* 去掉一行或一列时，在其原有 QR 分解基础上更新出新矩阵的 QR 分解；后者用来求当 *A* 增加一行或一列时，在其原有 QR 分解基础上更新出新矩阵的 QR 分解。例如，在编写积极集法解二次规划的算法时就要用到这两条命令，利用它们来求增加或去掉某行（列）时 *A* 的 QR 分解要比直接应用 qr 命令节省时间。（见 P E Gill，G H Golub，W Murray，M A Saunders. Methods for modifying matrix factorizations. Math. Comp，28：505-535，1974.）

qrdelete 命令与 qrinsert 命令的调用格式分别见表 8-4 和表 8-5。

表 8-4　qrdelete 命令的调用格式

调用格式	说明
[Q1，R1]=qrdelete(Q，R，j)	返回去掉 A 的第 j 列后，新矩阵的 QR 分解矩阵。其中 Q、R 为原来 A 的 QR 分解矩阵
[Q1，R1]=qrdelete(Q，R，j，'col')	同上
[Q1，R1]=qrdelete(Q，R，j，'row')	返回去掉 A 的第 j 行后，新矩阵的 QR 分解矩阵。其中 Q、R 为原来 A 的 QR 分解矩阵

表 8-5　qrinsert 命令的调用格式

调用格式	说明
[Q1，R1]=qrinsert(Q，R，j，x)	返回在 A 的第 j 列前插入向量 x 后，新矩阵的 QR 分解矩阵。其中 Q、R 为原来 A 的 QR 分解矩阵
[Q1，R1]=qrinsert(Q，R，j，x，'col')	同上
[Q1，R1]=qrinsert(Q，R，j，x，'row')	返回在 A 的第 j 行前插入向量 x 后，新矩阵的 QR 分解矩阵。其中 Q、R 为原来 A 的 QR 分解矩阵

例 8-6： 对矩阵 $A=\begin{bmatrix}1 & 2 & 3\\4 & 5 & 6\\1 & 0 & 1\\0 & 1 & 1\end{bmatrix}$，去掉其第 3 行，求新得矩阵的 QR 分解。

解：MATLAB 程序如下：

```
>> clear        % 清除工作区的变量
```

```
>> A=[1 2 3; 4 5 6; 1 0 1; 0 1 1];                %输入矩阵 A
>> [Q, R]=qr(A)   %对矩阵 A 进行 QR 分解，得到正交矩阵 Q 和上三角矩阵 R
Q =
   -0.2357    0.4410   -0.7638   -0.4082
   -0.9428    0.0630    0.3273    0.0000
   -0.2357   -0.6929   -0.5455    0.4082
         0    0.5669   -0.1091    0.8165
R =
   -4.2426   -5.1854   -6.5997
         0    1.7638    1.5749
         0         0   -0.9820
         0         0         0
>> [Q1, R1]=qrdelete(Q, R, 3, 'row')   %返回去掉矩阵 A 的第 3 行后新矩阵的 QR 分解矩阵
Q1 =
    0.2425   -0.5708    0.7845
    0.9701    0.1427   -0.1961
   -0.0000   -0.8086   -0.5883
R1 =
    4.1231    5.3358    6.5485
         0   -1.2367   -1.6648
         0         0    0.5883
>> A(3,: )=[]      %去掉 A 的第 3 行
A =
     1     2     3
     4     5     6
     0     1     1
>> Q1*R1        %与上面去掉第 3 行的 A 进行比较
ans =
        1.0000    2.0000    3.0000
        4.0000    5.0000    6.0000
       -0.0000    1.0000    1.0000
```

8.1.5 SVD 分解

奇异值分解（SVD）是现代数值分析（尤其是数值计算）的最基本和最重要的工具之一，因此在工程实际中有着广泛的应用。

所谓的 SVD 分解指的是将 $m\times n$ 矩阵 A 表示为三个矩阵乘积形式：USV^{T}，其中 U 为 $m\times m$ 酉（幺正）矩阵，V 为 $n\times n$ 酉矩阵，S 为对角矩阵，其对角线元素为矩阵 A 的奇异值且

满足 $s_1 \geqslant s_2 \geqslant \cdots \geqslant s_r > s_{r+1} = \cdots = s_n = 0$，$r$ 为矩阵 A 的秩。在 MATLAB 中，这种分解是通过 svd 命令来实现的。svd 命令的调用格式见表 8-6。

表 8-6　svd 命令的调用格式

调用格式	说明
s = svd (A)	返回矩阵 A 的奇异值向量 s
[U，S，V] = svd (A)	返回矩阵 A 的奇异值分解因子 U、S、V
[U，S，V] = svd (A，0)	返回 $m \times n$ 矩阵 A 的“经济型”奇异值分解，若 $m>n$，则只计算出矩阵 U 的前 n 列，矩阵 S 为 $n \times n$ 矩阵，否则同[U，S，V] = svd (A)

例 8-7：求矩阵 $A=\begin{bmatrix}1 & 2 & 3\\4 & 5 & 6\\7 & 8 & 9\\0 & 1 & 2\end{bmatrix}$ 的 SVD 分解。

解：MATLAB 程序如下：

```
>> clear          %清除工作区的变量
>> A=[1 2 3; 4 5 6; 7 8 9; 0 1 2];             %输入矩阵 A
>> r=rank(A)       %求出矩阵 A 的秩，与奇异值分解因子 S 的非零对角元个数一致
r =
     2
>> [U, S, V]=svd(A)         %对矩阵 A 进行 SVD 分解，返回 A 的奇异值分解因子 U、
S、V
U =
   -0.2139   -0.5810   -0.5101   -0.5971
   -0.5174   -0.1251    0.7704   -0.3510
   -0.8209    0.3309   -0.3673    0.2859
   -0.1127   -0.7330    0.1070    0.6622
S =
   16.9557         0         0
         0    1.5825         0
         0         0    0.0000
         0         0         0
V =
   -0.4736    0.7804    0.4082
   -0.5718    0.0802   -0.8165
   -0.6699   -0.6201    0.4082
```

8.1.6　舒尔（Schur）分解

舒尔分解是 Schur 于 1909 年提出的矩阵分解，它是一种典型的酉相似变换，这种变换的

最大好处是能够保持数值稳定，因此在工程计算中也是重要工具之一。

对于矩阵 $A \in C^{n \times n}$，所谓的舒尔分解是指找一个酉矩阵 $U \in C^{n \times n}$，使得 $U^{\mathrm{H}}AU = T$，其中 T 为上三角矩阵，称为舒尔矩阵，其对角元素为矩阵 A 的特征值。在 MATLAB 中，这种分解是通过 schur 命令来实现的。schur 命令的调用格式见表 8-7。

表 8-7　schur 命令的调用格式

调用格式	说明
T = schur(A)	返回舒尔矩阵 T，若 A 有复特征值，则相应的对角元以 2×2 的块矩阵形式给出
T = schur(A，flag)	若 A 有复特征值，则 flag='complex'，否则 flag= 'real'
[U，T] = schur(A，…)	返回酉矩阵 U 和舒尔矩阵 T

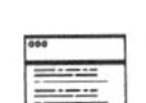

例 8-8： 求矩阵 $A=\begin{bmatrix}1 & 2 & 3\\ 2 & 3 & 1\\ 1 & 3 & 0\end{bmatrix}$ 的舒尔分解。

解：MATLAB 程序如下：

```
>> clear        %% 清除工作区的变量
>> A=[1 2 3; 2 3 1; 1 3 0];              %输入矩阵 A
>> [U, T]=schur(A)      %对矩阵 A 进行舒尔分解，返回酉矩阵 U 和舒尔矩阵 T
U =
    0.5965   -0.8005   -0.0582
    0.6552    0.4438    0.6113
    0.4635    0.4028   -0.7893
T =
    5.5281    1.1062    0.7134
         0   -0.7640    2.0905
         0   -0.4130   -0.7640
>> lambda=eig(A)    %求 A 的特征值，返回一个包含 A 的特征值的列向量
lambda =
   5.5281 + 0.0000i
  -0.7640 + 0.9292i
  -0.7640 - 0.9292i
%由于矩阵 A 有复特征值，所以对应舒尔矩阵 T 有一个二阶块矩阵
```

对于例 8-8 中这种有复特征值的矩阵，可以利用[U，T] = schur(A，'copmlex')来求其舒尔分解，也可利用 rsf2csf 命令将例 8-8 中的 U，T 转化为复矩阵。下面再用这两种方法求上例 8-8 中矩阵 A 的舒尔分解。

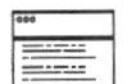

例 8-9： 求例 8-8 中的矩阵 A 的复舒尔分解。

解：<方法一>

```
>> A=[1 2 3; 2 3 1; 1 3 0];                %输入矩阵 A
>> [U, T]=schur(A, 'complex')   %求实矩阵 A 的舒尔分解，返回酉矩阵 U 和舒尔矩阵 T，T 是三角矩阵且为复数，具有复数特征值
U =
   0.5965 + 0.0000i   0.0236 - 0.7315i  -0.3251 + 0.0532i
   0.6552 + 0.0000i  -0.2483 + 0.4056i   0.1803 - 0.5586i
   0.4635 + 0.0000i   0.3206 + 0.3681i   0.1636 + 0.7212i
T =
   5.5281 + 0.0000i  -0.2897 + 1.0108i   0.4493 - 0.6519i
   0.0000 + 0.0000i  -0.7640 + 0.9292i  -1.6774 + 0.0000i
   0.0000 + 0.0000i   0.0000 + 0.0000i  -0.7640 - 0.9292i
```

<方法二>

```
>> [U, T]=schur(A);   %求实矩阵 A 的舒尔分解，返回酉矩阵 U 和舒尔矩阵 T
>> [U, T]=rsf2csf(U, T)   %将实数舒尔形式转换为复数舒尔形式
U =
   0.5965 + 0.0000i   0.0236 - 0.7315i  -0.3251 + 0.0532i
   0.6552 + 0.0000i  -0.2483 + 0.4056i   0.1803 - 0.5586i
   0.4635 + 0.0000i   0.3206 + 0.3681i   0.1636 + 0.7212i
T =
   5.5281 + 0.0000i  -0.2897 + 1.0108i   0.4493 - 0.6519i
   0.0000 + 0.0000i  -0.7640 + 0.9292i  -1.6774 + 0.0000i
   0.0000 + 0.0000i   0.0000 + 0.0000i  -0.7640 - 0.9292i
```

8.1.7 海森伯格（Hessenberg）分解

如果矩阵 H 的第一子对角线下元素都是 0，则 H（或其转置形式）称为上（或下）海森伯格矩阵。这种矩阵在零元素所占比例及分布上都接近三角矩阵，虽然它在特征值等性质方面不如三角矩阵那样简单，但在实际应用中，应用相似变换将一个矩阵化为海森伯格矩阵是可行的，而化为三角矩阵则不易实现。而且通过化为海森伯格矩阵来处理矩阵计算问题，能够大大节省计算量，因此在工程计算中，海森伯格分解也是常用的工具之一。在 MATLAB 中，可以通过 hess 命令来得到这种形式。hess 命令的调用格式见表 8-8。

表 8-8　hess 命令的调用格式

调用格式	说明
H = hess(A)	返回矩阵 A 的上海森伯格形式
[P，H] = hess(A)	返回一个上海森伯格矩阵 H 以及一个酉矩阵 P，满足：A = PHP' 且 P'P =I
[H，T，Q，U] = hess(A，B)	对于方阵 A、B，返回上海森伯格矩阵 H，上三角矩阵 T 以及酉矩阵 Q、U，使得 QAU=H 且 QBU=T

例 8-10： 将矩阵 $A=\begin{bmatrix}-1 & 2 & 3 & 0\\ 0 & -2 & 3 & 4\\ 1 & 0 & 4 & 5\\ 1 & 2 & 9 & -3\end{bmatrix}$ 化为海森伯格形式，并求出变换矩阵 P。

解：MATLAB 程序如下：

```
>> clear            % 清除工作区的变量
>> A=[-1 2 3 0; 0 -2 3 4; 1 0 4 5; 1 2 9 -3];          %输入矩阵 A
>> [P, H]=hess(A)        %生成矩阵 A 的酉矩阵 P 和 Hessenberg 矩阵 H
P =
    1.0000         0         0         0
         0         0    0.9570    0.2900
         0   -0.7071    0.2051   -0.6767
         0   -0.7071   -0.2051    0.6767
H =
   -1.0000   -2.1213    2.5293   -1.4501
   -1.4142    7.5000   -2.9485    4.8535
         0   -5.1720   -2.9673    1.7777
         0         0    2.4848   -5.5327
```

8.2 线性方程组的求解

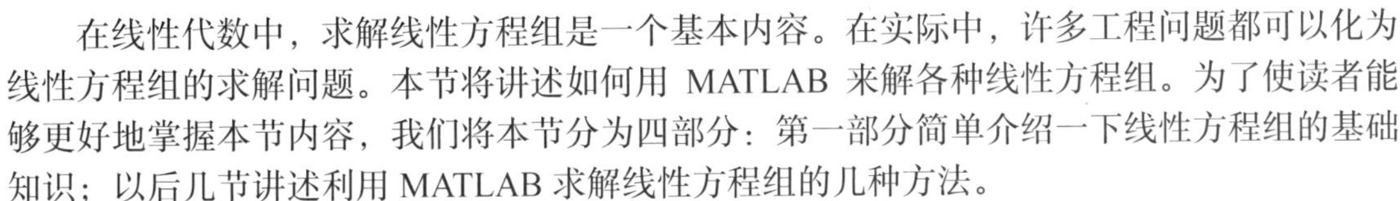

在线性代数中，求解线性方程组是一个基本内容。在实际中，许多工程问题都可以化为线性方程组的求解问题。本节将讲述如何用 MATLAB 来解各种线性方程组。为了使读者能够更好地掌握本节内容，我们将本节分为四部分：第一部分简单介绍一下线性方程组的基础知识；以后几节讲述利用 MATLAB 求解线性方程组的几种方法。

8.2.1 线性方程组基础

对于线性方程组 $Ax=b$，其中 $A\in R^{m\times n}$， $b\in R^{m}$。若 $m=n$，我们称之为恰定方程组；若 $m>n$，我们称之为超定方程组；若 $m<n$，我们称之为欠定方程组。若 $b=0$，则相应的方程组称为齐次线性方程组，否则称为非齐次线性方程组。对于齐次线性方程组解的个数有下面的定理：

定理 1：设方程组系数矩阵 A 的秩为 r，则

① 若 $r=n$，则齐次线性方程组有唯一解；

② 若 $r<n$，则齐次线性方程组有无穷解。

对于非齐次线性方程组解的存在性有下面的定理：

定理 2：设方程组系数矩阵 A 的秩为 r，增广矩阵$[A\ b]$的秩为 s，则

① 若 $r=s=n$，则非齐次线性方程组有唯一解；

② 若 $r=s<n$，则非齐次线性方程组有无穷解；

③ 若 $r \neq s$，则非齐次线性方程组无解。

关于齐次线性方程组与非齐次线性方程组之间的关系有下面的定理：

定理 3：非齐次线性方程组的通解等于其一个特解与对应齐次方程组的通解之和。

若线性方程组有无穷多解，我们希望找到一个基础解系 $\eta_1,\eta_2,\cdots,\eta_r$，以此来表示相应齐次方程组的通解：$k_1\eta_1+k_2\eta_2+\cdots+k_r\eta_r(k_r\in R)$。对于这个基础解系，我们可以通过求矩阵 A 的核空间矩阵得到。在 MATLAB 中，可以用 null 命令得到矩阵 A 的核空间矩阵。null 命令的调用格式见表 8-9。

表 8-9　null 命令的调用格式

调用格式	说明
Z= null(A)	返回矩阵 A 核空间矩阵 Z，即其列向量为方程组 Ax=0 的一个基础解系，Z 还满足 $Z^TZ=I$
Z= null(A，'r')	Z 的列向量是方程 Ax=0 的基础解系，与上面的命令不同的是 Z 不满足 $Z^TZ=I$

例 8-11： 求方程组$\begin{cases} x_1+2x_2+2x_3+x_4=0 \\ 2x_1+x_2-2x_3-2x_4=0 \\ x_1-x_2-4x_3-3x_4=0 \end{cases}$的通解。

解：MATLAB 程序如下：

```
>> clear        %清除工作区的变量
>> A=[1 2 2 1; 2 1 -2 -2; 1 -1 -4 -3];      %输入系数矩阵 A
>> format rat              %指定以有理形式输出
>> Z=null(A, 'r')            %返回矩阵 A 的核空间的基础解系
Z =
      2         5/3
     -2        -4/3
      1           0
      0           1
```

所以该方程组的通解为

$$x=k_1\begin{bmatrix}2\\-2\\1\\0\end{bmatrix}+k_2\begin{bmatrix}5/3\\-4/3\\0\\1\end{bmatrix}(k_1,k_2\in R)$$

在本小节的最后，我们给出一个判断线性方程组 $Ax=b$ 解的存在性的函数 isexist.m 如下：

```
function y=isexist(A, b)
% 该函数用来判断线性方程组 Ax=b 的解的存在性
% 若方程组无解则返回 0，若有唯一解则返回 1，若有无穷多解则返回 Inf
```

```
    [m, n]=size(A);
    [mb, nb]=size(b);
    if m~=mb
        error('输入有误! ');
        return;
    end
    r=rank(A);
    s=rank([A, b]);
    if r==s&r==n
        y=1;
    elseif r==s&r<n
        y=Inf;
    else
        y=0;
end
```

8.2.2 利用矩阵的逆（伪逆）与除法求解

对于线性方程组 $Ax=b$，若其为恰定方程组且 A 是非奇异的，则求 x 的最明显的方法便是利用矩阵的逆，即 $x=A^{-1}b$；若不是恰定方程组，则可利用伪逆来求其一个特解。

例 8-12：求线性方程组 $\begin{cases} x_1+2x_2+2x_3=1 \\ x_2-2x_3-2x_4=2 \\ x_1+3x_2-2x_4=3 \end{cases}$ 的通解。

解：MATLAB 程序如下：

```
>> clear                      %清除工作区的变量
>> format rat                       %指定以有理形式输出
>> A=[1 2 2 0; 0 1 -2 -2; 1 3 0 -2];                 %输入系数矩阵 A
>> b=[1 2 3]';                %输入右端项
>> x0=pinv(A)*b     %利用伪逆求方程组的一个特解
x0 =
     13/77
     46/77
     -2/11
    -40/77
>> Z=null(A, 'r')    %求相应齐次方程组的基础解系
Z =
     -6          -4
```

```
     2          2
     1          0
     0          1
```

因此原方程组的通解为

$$x=\begin{bmatrix}13/77\\46/77\\-2/11\\-40/77\end{bmatrix}+k_1\begin{bmatrix}-6\\2\\1\\0\end{bmatrix}+k_2\begin{bmatrix}-4\\2\\0\\1\end{bmatrix}(k_1,k_2\in R)$$

若系数矩阵 A 非奇异，还可以利用矩阵除法来求解方程组的解，即 x=A\b，虽然这种方法与前面的方法都采用高斯（Gauss）消去法，但该方法不对矩阵 A 求逆，因此可以提高计算精度且能够节省计算时间。

例 8-13： 编写一个 M 文件，用来比较前面两种方法求解线性方程组在时间与精度上的区别。

解：编写 compare.m 文件如下：

```
%该 M 文件用来演示求逆法与除法求解线性方程组在时间与精度上的区别

A=1000*rand(1000, 1000);      %随机生成一个 1000 维的系数矩阵
x=ones(1000, 1);
b=A*x;
disp('利用矩阵的逆求解所用时间及误差为：');
tic
y=inv(A)*b;
t1=toc
error1=norm(y-x)        %利用 2-范数来刻画结果与精确解的误差

disp('利用除法求解所用时间及误差为：')
tic
y=A\b;
t2=toc
error2=norm(y-x)
```

该 M 文件的运行结果为：

```
>> compare    %调用 M 文件
利用矩阵的逆求解所用时间及误差为：
t1 =
    0.2276
error1 =
   3.9475e-11
利用除法求解所用时间及误差为：
```

```
t2 =
   0.0889
error2 =
  1.0466e-11
```

由这个例子可以看出，利用除法来解线性方程组所用时间仅为求逆法的约 1/3，其精度也要比求逆法高，因此在实际中应尽量不要使用求逆法。

如果线性方程组 *Ax=b* 的系数矩阵 *A* 奇异且该方程组有解，那么有时可以利用伪逆来求其一个特解，即 x=pinv(A)*b。

8.2.3 利用行阶梯形求解

这种方法只适用于恰定方程组，且系数矩阵非奇异，若不然这种方法只能简化方程组的形式，若想将其解出还需进一步编程实现，因此本小节内容都假设系数矩阵非奇异。

将一个矩阵化为行阶梯形的命令是 rref，它的调用格式见表 8-10。

表 8-10 rref 命令的调用格式

调用格式	说明
R=rref(A)	利用高斯消去法得到矩阵 A 的行阶梯形 R
[R，jb]=rref(A)	返回矩阵 A 的行阶梯形 R 以及向量 jb
[R，jb]=rref(A，tol)	返回基于给定误差限 tol 的矩阵 A 的行阶梯形 R 以及向量 jb

表 8-10 中的向量 jb 满足下列条件：

① r=length(jb)即矩阵 A 的秩；

② x(jb)为线性方程组 Ax=b 的约束变量；

③ A(:，jb)为矩阵 A 所在空间的基；

④ R(1：r，jb)是 r×r 单位矩阵。

当系数矩阵非奇异时，可以利用这个命令将增广矩阵[A b]化为行阶梯形，那么 R 的最后一列即为方程组的解。

例 8-14： 求方程组 $\begin{cases} 5x_1+6x_2 & =1 \\ x_1+5x_2+6x_3 & =2 \\ x_2+5x_3+6x_4 & =3 \\ x_3+5x_4+6x_5 & =4 \\ x_4+5x_5 & =5 \end{cases}$ 的解。

解：MATLAB 程序如下：

```
>> clear          %清除工作区的变量
> format          %将输出格式重置为默认值，即浮点表示法的短固定十进制小数点格式和适用于所有输出行的宽松行距
```

```
>> A=[5 6 0 0 0; 1 5 6 0 0; 0 1 5 6 0; 0 0 1 5 6; 0 0 0 1 5];
%输入系数矩阵 A
>> b=[1 2 3 4 5]';   %输入右端项
>> r=rank(A)   %求 A 的秩看其是否非奇异
r =
    5     %秩等于列数，矩阵满秩，所以 A 为非奇异矩阵
>> B=[A, b];      %创建增广矩阵 B
>> R=rref(B)    %将增广矩阵化为阶梯形
R =
   1.0000        0        0        0        0   5.4782
        0   1.0000        0        0        0  -4.3985
        0        0   1.0000        0        0   3.0857
        0        0        0   1.0000        0  -1.3383
        0        0        0        0   1.0000   1.2677
>> x=R(:, 6)      %R 的最后一列即为解
x =
   5.4782
  -4.3985
   3.0857
  -1.3383
   1.2677
>> A*x    %验证解的正确性
ans =
   1.0000
   2.0000
   3.0000
   4.0000
   5.0000
```

例 8-15: 将矩阵 $A=\begin{bmatrix}1 & 2\\3 & 4\end{bmatrix}$ 化为行阶梯形。

解：MATLAB 程序如下：

```
>> clear      %清除工作区的变量
>> A=[1 2; 3 4];      %输入矩阵 A
>> rref(A)      %使用 Gauss-Jordan 消元法和部分主元消元法返回 A 的简化行阶梯形
ans =
    1    0
    0    1
```

8.2.4 利用矩阵分解法求解

利用矩阵分解法来求解线性方程组，可以节省内存，节省计算时间，因此它也是在工程计算中最常用的技术。本小节将讲述如何利用 LU 分解法、QR 分解法与楚列斯基(Cholesky)分解法来求解线性方程组。

（1）LU 分解法

这种方法的思路是先将系数矩阵 A 进行 LU 分解，得到 $LU = PA$，然后解 $Ly = Pb$，最后再解 $Ux = y$ 得到原方程组的解。因为矩阵 L、U 的特殊结构，使得两个方程组可以很容易地求出来。下面我们给出一个利用 LU 分解法求解线性方程组 $Ax = b$ 的函数 solvebyLU.m：

```
function x=solvebyLU(A, b)
% 该函数利用 LU 分解法求线性方程组 Ax=b 的解

flag=isexist(A, b);  %调用 isexist 函数判断方程组解的情况
if flag==0
    disp('该方程组无解！');
    x=[];
    return;
else
    r=rank(A);
    [m, n]=size(A);
    [L, U, P]=lu(A);
    b=P*b;

    % 解 Ly=b
    y(1)=b(1);
    if m>1
        for i=2: m
            y(i)=b(i)-L(i, 1: i-1)*y(1: i-1)';
        end
    end
    y=y';

    % 解 Ux=y 得原方程组的一个特解
    x0(r)=y(r)/U(r, r);
    if r>1
        for i=r-1: -1: 1
            x0(i)=(y(i)-U(i, i+1: r)*x0(i+1: r) ')/U(i, i);
        end
    end
```

```
    x0=x0';

    if flag==1  %若方程组有唯一解
       x=x0;
       return;
    else         %若方程组有无穷多解
       format rat;
       Z=null(A, 'r');  %求出对应齐次方程组的基础解系
       [mZ, nZ]=size(Z);
       x0(r+1: n)=0;
       for i=1: nZ
          t=sym(char([107 48+i]));
          k(i)=t;        %取 k=[k1, k2..., ];
     end
       x=x0;
       for i=1: nZ
          x=x+k(i)*Z(:, i);  %将方程组的通解表示为特解加对应齐次通解形式
       end
    end
end
```

例 8-16：利用 LU 分解法求方程组 $\begin{cases} x_1 + x_2 - 3x_3 - x_4 = 1 \\ 3x_1 - x_2 - 3x_3 + 4x_4 = 4 \\ x_1 + 5x_2 - 9x_3 - 8x_4 = 0 \end{cases}$ 的通解。

解：MATLAB 程序如下：

```
>> clear       % 清除工作区的变量
>> A=[1 1 -3 -1; 3 -1 -3 4; 1 5 -9 -8];       %输入系数矩阵 A
>> b=[1 4 0]';          %输入右端项
>> x=solvebyLU(A, b)   %调用自定义函数 solvebyLU，运用 LU 分解法求线性方
程组的解
x =
 (3*k1)/2 - (3*k2)/4 + 5/4
 (3*k1)/2 + (7*k2)/4 - 1/4
                       k1
                       k2
```

（2）QR 分解法

利用 QR 分解法解方程组的思路与用 LU 分解法是一样的，先将系数矩阵 A 进行 QR 分解 $A=QR$，然后解 $Qy=b$，最后解 $Rx=y$ 得到原方程组的解。对于这种方法，我们需要注意 Q 是正交矩阵，因此 $Qy=b$ 的解即 $y=Q'b$。下面我们给出一个利用 QR 分解法求解线性方程组 $Ax=b$ 的函数 solvebyQR.m：

```
function x=solvebyQR(A, b)
%该函数利用 QR 分解法求线性方程组 Ax=b 的解

flag=isexist(A, b);  %调用 isexist 函数判断方程组解的情况
if flag==0
    disp('该方程组无解！');
    x=[];
    return;
else
    r=rank(A);
    [m, n]=size(A);
    [Q, R]=qr(A);
    b=Q'*b;

    % 解 Rx=b 得原方程组的一个特解
    x0(r)=b(r)/R(r, r);
    if r>1
        for i=r-1: -1: 1
            x0(i)=(b(i) -R(i, i+1: r)*x0(i+1: r) ')/R(i, i);
        end
    end
    x0=x0';

    if flag==1  %若方程组有唯一解
        x=x0;
        return;
    else        %若方程组有无穷多解
        format rat;
        Z=null(A, 'r');  %求出对应齐次方程组的基础解系
        [mZ, nZ]=size(Z);
        x0(r+1: n)=0;
        for i=1: nZ
            t=sym(char([107 48+i]));
            k(i)=t;        %取 k=[k1, ..., kr];
        end
        x=x0;
        for i=1: nZ
            x=x+k(i)*Z(:, i);  %将方程组的通解表示为特解加对应齐次通解形式
        end
    end
end
```

例8-17：利用 QR 分解法求方程组 $\begin{cases} x_1 - 2x_2 + 3x_3 + x_4 = 1 \\ 3x_1 - x_2 + x_3 - 3x_4 = 2 \\ 2x_1 + x_2 + 2x_3 - 2x_4 = 3 \end{cases}$ 的通解。

解：MATLAB 程序如下：

```
>> clear        %清除工作区的变量
>> A=[1 -2 3 1; 3 -1 1 -3; 2 1 2 -2];            %输入系数矩阵
>> b=[1 2 3]';          %输入右端项
>> x=solvebyQR(A, b)         %调用自定义函数 solvebyQR，运用 QR 分解法求线性方程组的解
x =
(13*k1)/10 + 7/10
   (2*k1)/5 + 3/5
        1/2 - k1/2
                k1
```

（3）楚列斯基分解法

与前两种矩阵分解法不同的是，楚列斯基分解法只适用于系数矩阵 A 是对称正定的情况。

它的解方程思路是先将矩阵 A 进行楚列斯基分解 $A=R'R$，然后解 $R'y = b$，最后再解 $Rx = y$ 得到原方程组的解。下面我们给出一个利用楚列斯基分解法求解线性方程组 $Ax = b$ 的函数 solvebyCHOL.m：

```
function x=solvebyCHOL(A, b)
% 该函数利用楚列斯基分解法求线性方程组 Ax = b的解

lambda=eig(A);
if lambda>eps&isequal(A, A')
    [n, n]=size(A);
    R=chol(A);

    %解 R'y=b
    y(1)=b(1)/R(1, 1);
    if n>1
        for i=2: n
            y(i)=(b(i)-R(1: i-1, i)'*y(1: i-1)')/R(i, i);
        end
    end

    %解 Rx=y
    x(n)=y(n)/R(n, n);
    if n>1
        for i=n-1: -1: 1
```

```
            x(i)=(y(i)-R(i, i+1: n)*x(i+1: n)')/R(i, i);
        end
    end
    x=x';
else
    x=[];
    disp('该方法只适用于对称正定的系数矩阵！');
end
```

例 8-18： 利用楚列斯基分解法求 $\begin{cases} 3x_1+3x_2-3x_3=1 \\ 3x_1+5x_2-2x_3=2 \\ -3x_1-2x_2+5x_3=3 \end{cases}$ 的解。

解：MATLAB 程序如下：

```
>> clear        %清除工作区的变量
>> A=[3 3 -3; 3 5 -2; -3 -2 5];          %输入系数矩阵 A
>> b=[1 2 3]';         %输入右端项
>> x=solvebyCHOL(A, b)    %调用自定义函数 solvebyCHOL，运用楚列斯基分解法求线性方程组的解
x =
   3.3333
  -0.6667
   2.3333
>> A*x     %验证解的正确性
ans =
   1.0000
   2.0000
   3.0000
```

在本小节的最后，再给出一个函数 solvelineq.m。对于这个函数，读者可以通过输入参数来选择用前面哪种矩阵分解法求解线性方程组。

```
function x=solvelineq(A, b, flag)
% 该函数是矩阵分解法汇总，通过 flag 的取值来调用不同的矩阵分解
% 若 flag='LU'，则调用 LU 分解法;
% 若 flag='QR'，则调用 QR 分解法;
% 若 flag='CHOL'，则调用 CHOL 分解法;

if strcmp(flag, 'LU')
   x=solvebyLU(A, b);
elseif strcmp(flag, 'QR')
   x=solvebyQR(A, b);
elseif strcmp(flag, 'CHOL')
```

```
    x=solvebyCHOL(A, b);
else
    error('flag的值只能为 LU, QR, CHOL! ');
end
```

8.2.5 非负最小二乘解

在实际问题中，用户往往会要求线性方程组的解是非负的，若此时方程组没有精确解，则希望找到一个能够尽量满足方程的非负解。对于这种情况，可以利用 MATLAB 中求非负最小二乘解的命令 lsqnonneg 来实现。该命令实际上是解二次规划问题

$$\begin{aligned} &\min \quad \|Ax-b\|_2 \\ &\text{s.t.} \quad x_i \geqslant 0, i=1,2,\cdots n \end{aligned}$$

以此来得到线性方程组 $Ax=b$ 的非负最小二乘解。

lsqnonneg 命令的调用格式见表 8-11。

表 8-11　lsqnonneg 命令的调用格式

调用格式	说明
x=lsqnonneg(A，b)	利用高斯消去法得到矩阵 A 的最小向量 x
x=lsqnonneg(A，b，options)	使用结构体 options 中指定的优化选项求最小值。使用 optimset 可设置这些选项
x = lsqnonneg(problem)	求结构体 problem 的最小值
[x，resnorm，residual] = lsqnonneg(…)	对于上述任何语法，还返回残差的 2-范数平方值 norm(C*x-d)^2 以及残差 d-C*x

例 8-19：求方程组 $\begin{cases} x_2-x_3+2x_4=1 \\ x_1-x_3+x_4=0 \\ -2x_1+x_2+x_4=1 \end{cases}$ 的最小二乘解。

解：MATLAB 程序如下：

```
>> clear        % 清除工作区的变量
>> A=[0 1 -1 2; 1 0 -1 1; -2 1 0 1];        %输入系数矩阵 A
>> b=[1 0 1]';          %输入右端项
>> x=lsqnonneg(A, b) %利用高斯消去法求解线性方程的非负最小二乘解
x =
         0
    1.0000
         0
    0.0000
>> A*x                  %验证解的正确性
ans =
    1.0000
    0.0000
    1.0000
```